交尾行動の新しい理解

理論と実証

粕谷英一・工藤慎一 共編

海游舎

はじめに

　メスとオスがいるところ，すなわち交尾行動が演じられる舞台である．メスとオスがいなければ次世代の個体はできないが，メスは同種のオスであっても同じには扱わず，オスは交尾をめぐって同種のオスと激しく競争する．無駄に思える行動などの性質や，「出し抜く，騙す」という形容がよく似合う振る舞いも，メスとオスがいるところでは珍しくない．生物学者のみならず多くの人々の興味をひいてきた交尾行動は，「もし，単純に子を効率的に残すよう設計されたとしたら，こうはならない」というものに映る．ではどのような力が交尾行動の進化に働き，形作ってきたのだろうか．

　この 30 年余りの間に，動物行動学や生態学は，確かに，交尾行動について多くを明らかにしてきた．「メスとオスの基本的な差」，「オス間の交尾をめぐる競争」，「メスによる交尾相手の選り好み」という 3 つの線に沿って，膨大な数の研究が行われてきた．それらの成果は，教科書的な本にも数多く取り上げられている．しかし，多くのものが見えてくるにしたがい，逆に「まだ明らかにされていない部分の大きさが際立ってきた」と私たちは感じている．一部には「これら 3 つの線で得られたこれまでの成果は，教科書に取り上げられるほど確固たるもので，交尾行動についてはほぼ明らかになっている」という感覚も漂っているようだが，それは研究の前線で感じるものとは違っていると感じている．そして，そういった成果が得られた後も，紆余曲折しながら交尾行動や雌雄関係の新たな描像が育っているとも感じている．生物学を専攻する，特にこの分野の研究を志す若い人たちに，「このことを伝えたい」と思って私たちは本書を編んだ．

　交尾行動の研究は，理論と実証の相互作用で進んできた．そして，交尾

行動を題材にして多くの理論モデルが作られてきた．だが，個々の面に焦点を当てたモデルが多数作られた結果，統一的なイメージを持ちにくくなっているのではないだろうか．林（第2章）は，これらの理論モデル間の関係を明快に整理している．理論の統一的な理解を進めるうえで，本章は必読と言えるだろう．また，粕谷・工藤（第1章）は，交尾行動の基礎にあるメスとオスの違いとそれが生じる過程について，これまでの理論の不十分な点を解説している．生態学や動物行動学の日本語での専門書でも，まだ十分に説明されていない内容であろう．この章では，近親交配はいつでも不利だというわけではなく，有利・不利はどのように決まるかも説明している．

理論や仮説はすっきり美しくても，現実はしばしば紆余曲折している．ある理論の予測によく合っている例として取り上げられているようなケースでも，詳細に見ていくと，よく合っているのは見かけにすぎないと思えることは珍しくない．狩野（第3章）と原野（第4章）は，交尾行動研究の代表的なモデル生物を例に，研究の現場で検証が実際どう進んでいくかを活写しながら，現在の理解の到達点を見せてくれる．

交尾行動の不思議に心引かれる若い人たちの「わくわく感」に，本書がいくらかでも応えるものになっていれば幸いである．

謝　辞

この本が出来上がるうえで，海游舎の本間陽子氏にはひとかたならずお世話になった．編者の手際の悪さから内容が確定するまでに長い時間を要してしまったことも含めて，お詫びとお礼を記しておきたい．また，この編集の遅れにより多大な迷惑をおかけした高見泰興氏には深くお詫び申し上げる．

本書の編集過程で，詰めの作業は編者が鳴門に会して行った．作業環境を整えてくださった小汐千春氏に感謝する．

以下は，各章に関する謝辞である．

第1章（粕谷・工藤）：　京極大助氏には，原稿に有益なコメントをいた

だいた．さらに，Kokko & Jennions (2008) の論文の中の誤り［この論文の式 (A5) は正しくないが，本章の内容はこの誤りの影響は受けない］についてもご教示いただいた．研究の一部は，日本学術振興会科学研究費補助金 (25650149, 22370010) の援助を受けて行われた．

第 2 章（林）：　加茂将史氏および原野智広氏には，原稿に有益なコメントをいただいた．

第 3 章（狩野）：　佐藤綾氏には，紹介した研究の多くで協力していただいた．研究の一部は，日本学術振興会科学研究費補助金 (16570012, 19570015) の援助を受けて行われた．

第 4 章（原野）：　山根隆史氏および香月雅子氏には，原稿に有益なコメントをいただいた．研究の一部は，日本学術振興会特別研究員奨励費 (203976, 研究代表者：原野智広) の援助を受けて行われた．

2015 年 10 月 12 日

粕谷英一・工藤慎一

目　次

1 交尾行動の行動生態学：最近の新展開　　（粕谷英一・工藤慎一）

はじめに ……………………………………………………………… 1
1-1　交尾行動とメスとオスの差 ………………………………… 2
　　1-1-1　メスとオスと性的役割 ……………………………… 2
　　1-1-2　フィッシャー条件 …………………………………… 3
　　1-1-3　性差と性的役割の理論の歴史 ……………………… 5
　　1-1-4　性　比 ………………………………………………… 10
　　1-1-5　フィッシャー条件と性的役割の分化 ……………… 13
1-2　近親交配を避ける性質 ……………………………………… 15
1-3　今後の課題 …………………………………………………… 23
　　1-3-1　性的役割：親の投資と配偶への投資 ……………… 23
　　1-3-2　血縁個体との交尾および交尾回避 ………………… 24
　　1-3-3　生態的要因と交尾行動 ……………………………… 25

Box 1-1　メスが何頭のオスと交尾するかがオスによる子の保護
　　　　　に与える影響：Queller(1997)のモデル …………… 6
Box 1-2　ベイトマン勾配 ………………………………………… 12

2 性淘汰理論を整理する　　（林　岳彦）

はじめに ……………………………………………………………… 27
2-1　性淘汰理論の概観 …………………………………………… 27
　　2-1-1　性淘汰とは何か：「繁殖において有利」というアイデア … 27
　　2-1-2　メスの配偶者選好性の進化理論の分類：6つの理論 … 29
2-2　各性淘汰理論の内容 ………………………………………… 30
　　2-2-1　知覚バイアス説：知覚的に好き ……………………… 31

  2-2-2 繁殖干渉回避説：他種は嫌いです ………………………… 33
  2-2-3 ランナウェイ説：「魅力」の自己増強バブル …………… 35
  2-2-4 優良遺伝子説：ハンディキャップという形の「宣伝」…… 37
  2-2-5 性的対立説：「抵抗」としての選り好み ………………… 38
  2-2-6 直接利益説：「今・ここ」での利益をもたらす選り好み…… 41
 2-3 それぞれの性淘汰理論の違いを整理する ………………………… 42
  2-3-1 種内での雌雄間相互作用に起因するか ………………… 42
  2-3-2 直接淘汰か間接淘汰か ……………………………………… 43
  2-3-3 交尾自体が直接的なコストや利益を伴うか …………… 44
  2-3-4 交尾相手の「質」と「量」のどちらに依存するか …… 45
  2-3-5 モデルから予測される進化動態の違い ………………… 45
 2-4 検討：どの性淘汰理論が最も「正しい」のか ………………… 49
  2-4-1 それぞれの理論は排他的ではない：「群像劇」という視点…… 49
  2-4-2 主役は誰なのか：有／無の議論から定量的議論へ ……… 53
 2-5 結びに …………………………………………………………………… 54

補遺A 量的遺伝モデルによる各性淘汰理論の解説 …………………… 56
 A-1 量的遺伝モデルについての一般的な解説 ………………………… 56
 A-2 量的遺伝モデルの枠組みに基づく性淘汰理論の解説 ……… 62
  ランナウェイ説 ………………………………………………… 63
  優良遺伝子説 …………………………………………………… 66
  知覚バイアス説 ………………………………………………… 69
  性的対立説 ……………………………………………………… 70
  直接利益説 ……………………………………………………… 71
  それぞれの説に特徴的な進化的力は同時に生じやすい …… 72
補遺B 最適な交尾回数をめぐる性的対立の理論モデル：
   その基本的な枠組みと予測される進化動態 ……………… 72
 B-1 最適な交尾回数をめぐる性的対立の理論モデルの概要 …… 72
 B-2 性的対立の理論モデルから示唆される進化的帰結 ………… 75
  遺伝的多様化を伴わない場合 ……………………………… 75
  遺伝的多様化を伴う場合 …………………………………… 76

Box 2-1 「メスの選好性」の用法 ……………………………………… 40
Box 2-2 つがい外交尾は優良遺伝子説で説明できるか？ ………… 50
Box 2-3 Still mysterious：クジャクの羽はなぜ美しい？ ………… 55

3 グッピーの配偶行動と雌雄の駆け引き　　　　　　　　　　（狩野賢司）

　　はじめに ………………………………………………………… 79
　3-1　グッピーの配偶行動：配偶者選択と，メスとオスの対立 …… 81
　3-2　大きなオスに対するメスの好みと，オスの騙し ………… 85
　3-3　オスのオレンジスポットに対するメスの選り好み ……… 94
　　　3-3-1　オスのオレンジスポットを基にしたメスの選択とその利益　94
　　　3-3-2　オレンジスポットの大きさ ……………………… 94
　　　3-3-3　オレンジスポットの鮮やかさ …………………… 96
　3-4　オスのオレンジスポットと体サイズの相対的重要性 ……… 101
　3-5　オレンジスポットとオスの騙し …………………………… 103
　3-6　交尾の際のメスの選択 ……………………………………… 105
　3-7　交尾後のメスの精子選択と産子調節 ……………………… 107
　　　3-7-1　メスの受精調節と精子競争 ……………………… 107
　　　3-7-2　オス親の魅力に応じた子の性比調節 …………… 112
　3-8　今後の展望 …………………………………………………… 118

4 交尾をめぐるメスの利害とオスの利害：マメゾウムシの事例を中心に
　　　　　　　　　　　　　　　　　　　　　　　　　　　（原野智広）

　　はじめに ………………………………………………………… 123
　4-1　マメゾウムシの交尾 ………………………………………… 124
　　　4-1-1　メスが傷を負うマメゾウムシの交尾 …………… 124
　　　4-1-2　マメゾウムシ ……………………………………… 126
　4-2　メスに危害を及ぼすオスの形質の進化 …………………… 129
　　　4-2-1　オスはなぜメスを傷つけるのか ………………… 129
　　　4-2-2　交尾器のトゲがオスにもたらす利益 …………… 131
　　　4-2-3　交尾器と交尾継続時間 …………………………… 133
　4-3　オスとメスの拮抗的共進化 ………………………………… 135
　　　4-3-1　性的対立が引き起こす共進化の道筋 …………… 135
　　　4-3-2　種間比較による検証 ……………………………… 138
　　　4-3-3　実験進化による検証 ……………………………… 142
　　　4-3-4　メスに有害な精液 ………………………………… 144

4-4 メスの適応度に対する多回交尾の影響 ･････････････････ 145
　4-4-1 メスはなぜ多回交尾を行うのか ･････････････ 145
　4-4-2 メスの多回交尾による産卵数の増加 ･････････････ 146
　4-4-3 メスの適応度に対する多回交尾の影響をいかに評価するか 148
4-5 子の適応度に対するメスの多回交尾の影響 ･････････････ 152
　4-5-1 メスの多回交尾の間接的利益 ･････････････ 152
　4-5-2 交尾後性淘汰と子の適応度 ･････････････ 153
　4-5-3 近親交配の回避 ･････････････ 162
4-6 性的対立から生じる非適応的なメスの多回交尾 ･････････ 163
　4-6-1 雌雄間の遺伝相関 ･････････････ 163
　4-6-2 交尾をめぐる性的対立とメスの交尾行動の進化 ･･････ 165
4-7 おわりに ･････････････ 168

Box 4-1 遺伝子座間性的対立と遺伝子座内性的対立 ････････ 156
Box 4-2 遺伝相関 ･････････････ 161

引用文献 ･････････････ 170
索　引 ･････････････ 185

1
交尾行動の行動生態学：最近の新展開

粕谷英一・工藤慎一

はじめに

　動物界に見られるさまざまな交尾行動を適応的進化の観点から統一的に理解することは，行動生態学の伝統である。過去30年の間に，行動生態学者は，交尾相手を選ぶことや同性同士の交尾をめぐる激しい競争，相手や状況によって交尾行動を変える条件依存戦略や代替的戦術，体内でも行われるオス間競争と交尾相手への選択などを明らかにして，交尾が次世代を残す協調的な現象からかけ離れた面を多く持つことを示してきた。本章では，この交尾行動に関する行動生態学の研究史のなかで，過去受け入れられることの多かった2つの考え方を検討するとともに，これからの交尾行動の研究で注目されるべき問題を探っていく。

　検討する2つの考え方の1つは，性的役割の分化についてである。性的役割はメスとオスの交尾や繁殖における性の間の違いであり，いわば交尾行動の基礎とも言える。卵と精子への親からの投資の差に基づいた，性的役割の説明は，行動生態学の教科書にも繰り返し書かれてきた。そのため，性的役割の分化は，すでに片付いた問題と考えられることも多かった。だが，この10年あまりの間に，基本的な理論モデルの欠陥や考えるべきフィードバックの存在が指摘されている。これらを日本語で解説したものは，見当たらないようである。

もう1つは近親交配についてである。近親交配の回避が有利であるということは広く受け入れられているように見える。だが，近親交配の回避が有利だとはどんな意味だろうか。血縁個体を交尾相手として避ける性質は進化のうえでいつでも有利なのだろうか。交尾相手の選択の1つの種類として近親交配を取り上げ，「進化のうえでそれが有利になることはあるのか」，あるいは「どのような意味で近親交配回避は有利か」を検討する。

1-1 交尾行動とメスとオスの差

1-1-1 メスとオスと性的役割

メスとオスの定義はつくる配偶子の大きさの違いである。大型の配偶子である卵をつくるのがメスであり，小型の配偶子である精子をつくるのがオスである。個体当たりで見ても個体群全体で見ても，小型の配偶子である精子の数は卵の数に比べて膨大であるのが普通である。

メスとオスでは交尾や繁殖において，明確な違いが見られることが多い。交尾をめぐる競争の厳しさ，交尾における積極性，交尾相手を選ぶか選ばれるかなどの性の間の差を性的役割（sex role）と呼ぶ。多くの動物では，オスのほうが交尾をめぐる競争が厳しく交尾に積極的で，メスは相対的に交尾にあたっては受身であり，交尾相手を選ぶ側であることが多いと考えられている。一方，一部の動物ではこれがちょうど逆になっており，交尾をめぐる競争が厳しく交尾に積極的なのはメスで，交尾相手を選ぶのはオスの側である。前者の多数派のほうを，性的役割が普通（conventional）だと呼び，後者の少数派のほうを逆転（reversed）していると呼ぶ。また，どちらの性が外見が派手か，親による子の保護[1]をどちらの性が行うかなども，競争の強さや交尾の積極性などと似た傾向を示すことが多く（おおまかには競争が厳しく交尾に積極的な性が外見が派手で子の保護をしない傾向がある），性的役割といったときにこれらも含むことがある。また，この性的

---

1) parental care の訳語を，親による子の保護，としている。

役割は一夫一妻や一夫多妻などの配偶システム（mating system）とも密接な関係を持つと考えられてきた（例えば，Alcock 1989）。

1-1-2 フィッシャー条件

　有性生殖する二倍体では，1つの卵と1つの精子により受精が起きて，そこから個体の生涯が始まる。したがって，個体は必ず1頭の母親と1頭の父親を持つ。そのため，個体群内のメスたちから見てもオスたちから見ても子の数の合計は同じで，「個体群の全メスが持つ子の数の合計」＝「個体群の全オスが持つ子の数の合計」という関係が必ず成り立つ。言い換えると，個体群のメス個体の適応度の合計はオス個体の適応度の合計と等しい。当たり前に見えるこの内容がフィッシャー条件（フィッシャー制約，Fisher condition：Houston & McNamara 2005）である。合計が等しいので，個体の適応度の平均の比は性比（両性の個体数の比）の逆数になる。

　フィッシャー条件は，メス親のみしか持たない個体とかオス親しか持たない個体は存在しないとも言い換えられる。例えば，性比が変わらないかぎり，オスの適応度（の平均あるいは合計）だけが大きくなりメスの適応度は変わらないといったことはありえず，オスの適応度が全体として大きくなれば必ずメスの適応度の全体もそれに見合って増えざるをえない。そのため，オスの適応度とメスの適応度の平均（あるいは合計）の間には，片方が変わればもう片方もそれに見合って変化せざるをえないという強い制約が存在する。

　この制約が現れる典型的な例の1つが性比の進化である。代表的な例として，1：1性比が安定となる場合（フィッシャーの1：1安定性比）がある。メスとオスのうち少ないほうの繁殖成功が相対的に大きくなるため，性比が偏っても性比の偏りを戻す方向に淘汰が働き，1：1の出生性比が他の性比に対して有利であり，安定である。メスとオスで出生から交尾までの死亡率が異なる場合でも，1：1の出生性比は有利で安定である（死亡率の部分だけを考えれば死亡率が低いほうの性を多くつくる母親が有利だが，交尾の時点で少ないほうの性が有利になることと相殺して，1：1の出生性比

が安定になる。この場合，成体になった個体の性比は当然1：1ではない）。

淘汰の働き方が，どんな個体がどういう頻度で個体群を構成しているかにより異なることを頻度依存淘汰と言う。性比の進化の場合には，頻度依存淘汰が強く働いている[2]。同様に，頻度依存性が強く働くことがメスとオスと交尾が関与する現象の特徴でもある。

フィッシャー条件が示すように，オスの適応度の合計とメスの適応度の合計は等しいから，両性の適応度は反対の性の適応度と独立して変化することができない。例えば，メスの適応度の合計が変わればそれに応じてオスの適応度の合計も変わらざるをえない（フィッシャー条件が果たす役割については，Box 1-1 の例も見るとよい）。

メスとオスのそれぞれの適応度は，個体の性質だけでなく個体を取り巻く条件から影響を受ける。メスとオスのそれぞれの適応度が，反対の性の適応度とは独立に，個体の性質や置かれた条件で決まるという考え方は，過去，さまざまなモデルなどで使われてきた。例えば，性転換のサイズ有利性モデル（size-advantage model）では，個体がオスになったときの適応度とメスになったときの適応度が，それぞれ体サイズによって決まるとした2つのグラフを使って説明されることが多い（図1-1）。だが，このようなグラフでは，フィッシャー条件は考えられていないことに注意が必要である（Kazancioglu & Alonzo 2010 も参照）。例えば，多くの個体がオスになれば，オスの適応度の平均は低下し，メスになることが有利になる。逆に，多くの個体がメスであれば，オスであることの有利性は大きくなる。メスとオスの適応度が個体の性質などの関数として描かれたグラフは，直感的な理解を助けるが，フィッシャー条件を考慮したときも同じ結論が得られることを確認しておく必要がある。

交尾のように配偶子の受精が含まれる現象については，片方の性の適応度がもう片方の性の適応度とは独立して決まると考えるのは，無理があ

---

[2] 性比調節に関与する遺伝子が母系遺伝する場合は例外である（Hamilton 1979; Hurst & Werren 2001 参照）。

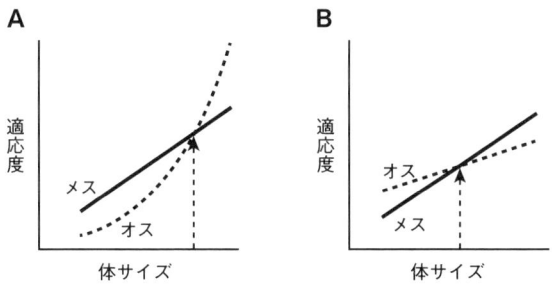

図1-1 サイズ有利性モデルの2つの場合 Aでは，体サイズが小さいときはメスであるのが有利で，閾値（矢印で示す）よりも大きくなったらオスとなるのが有利だと結論される。Bでは，逆に，体サイズが小さいときはオスであるのが有利で，閾値（矢印で示す）よりも大きくなったらメスとなるのが有利だと結論される。

る。メスとオスの交尾における振る舞いが別の戦略であるなら（例えば，別の遺伝子座による場合など），アイソクラインによるグラフなども有効である。

1-1-3 性差と性的役割の理論の歴史

　性的役割に見られるような両性間の違いは，これまで卵と精子という配偶子の大きさの違いという，メスとオスの定義そのものに基づいて説明されてきた。Trivers (1972) や Maynard Smith (1977) が要となる論文である。
　Trivers (1972) は，受精卵（接合体）となった段階でメスのほうがすでに多くの投資をしているため，子に追加の投資をせずに繁殖が失敗した場合にメスのほうが大きな不利益を被るので，受精後もメス親側は子への投資を打ち切りにくいと考えた。これに対して，Dawkins & Carlisle (1976) は，すでに行っている過去の投資の量に基づく Trivers の議論は「コンコルドの誤り」をおかしていて，将来の利益を考えるべきところを過去の投資で置きかえていることを指摘した[3]。

---

3) あることにすでに多く投資しているので，そこでやめると過去の投資が無駄になるから不利でも投資を継続すべきだという議論である。イギリスとフランスの共同開発による超音速旅客機コンコルドを例にとって説明された。

Box 1-1　メスが何頭のオスと交尾するかがオスによる子の保護に与える影響：Queller（1997）のモデル

　子を保護することによりメスもオスも同じだけの利益 b を子に与えるが，一方ではメス自身やオス自身には同じだけのコストをもたらすとする。個体群全体でのオスの繁殖成功の総計を x とすると，フィッシャー条件からメスの繁殖成功の総計も等しく x である。メスとオスの成体の数をそれぞれ f と m とすると，オス 1 頭の残す子の数は平均して x/m であり，メス 1 頭の残す子の数の平均は x/f である。保護に伴うコストがメスでもオスでも等しく，同じ割合 c の繁殖成功を失うとすると，コストは，平均的なメスについて cx/f で，平均的なオスについて cx/m である。そこで，

　　メスについては，$b>cx/f$

　　オスについては，$b>cx/m$

のときに保護が有利になる。例えば，性比が 1：1 のときでは，$m=f$ であるから両性の条件の成り立ちやすさが同じなのは明らかである。

　メスとオスが交尾して，メスが産んだ子が自分の子である確率が，メスの多回交尾（複数回交尾）のため，メスとオスで違う場合を考える。メスが産んだブルードの子の全てがメスの子であるが，メスの多回交尾により，オスの子はブルードの子のうち割合 p だけだとする。すると，オスが現在のブルードのなかの自分の本当の子に与える利益は pb である。そこで，多回交尾により父性が低下するときには，

　　メスについては，$b>cx/f$

　　オスについては，$pb>cx/m$

が，保護が有利になる条件である（血縁度 r をそれぞれの不等式の両辺に掛けてもよい）。注意すべき点は，この 2 つの不等式は，自分の本当の子の数の変化で表されていることである。例えば，オスについての不等式の左辺は利益をオスの本当の子の数で表すために p を掛けておく必要があり，右辺の cx/m はすでに本当の子の数で定義されている。例えば，性比が 1：1

(Box 1-1　続き)

のときには，$m=f$ であり，メスの条件のほうが成り立ちやすい。

　念のため，ブルードを単位としてコストを定義してみよう。今のブルードを保護すると，オスもメスも将来のブルード（本当の子だけからなるとは限らないことに注意）のうち割合 C を失うとする。ブルードの総数は，子の総数すなわち繁殖成功の合計のように，メスから見てもオスから見ても等しいという性質を持たない。オスが子を持つブルード数を全てのオスについて合計したものを X とすると，メスから見たときの合計は pX である。今度は，保護が有利な条件は，

　メスについては，$b > CpX/f$

　オスについては，$pb > pCX/m$　すなわち　$b > CX/m$

である。オスについての条件からは p を消せるがメスの条件のほうに p が現れて，結局，本当の子の数を使ったときと条件の意味するところは変わらない。父性が低いと，オスよりもメスのほうが，子の保護が有利になりやすいことを示している。その理由は，本当の子の数を使ったときの条件から，コストは同じだが，オスは今のブルードの親である確率が低いから保護による利益が小さいためと考えることができる。

　このモデル (Queller 1997) における，両性での等しいコストとは，それぞれの性の個体の適応度（繁殖成功）の期待値が同じ割合だけ減少することを意味している。$m=f$ のときを考えると，フィッシャー条件から個体群全体での子の総数はどちらの性から見ても等しいので，両性の繁殖成功の平均が等しいから，減少割合だけでなく減少の絶対量も同じということになる。このとき，ブルードの数の減少についてみると，減少割合については適応度と同じく両性で同じ割合であるが，減少量は $p<1$ なら，全個体のブルード数の総計がオスのほうがメスよりも大きく，オスはメスの $1/p$ 倍であるから，オスのほうが減少量が大きいことになる。

Maynard Smith (1977) は，直接には親による子の保護の進化を説明するモデルを提案し，将来の利益に基づいて，Dawkins & Carlisle (1976) が指摘した難点を回避しようとした。このモデルは単純で概念的であるが，標準的なものとして長く依拠されてきた（柏谷 1990 にも説明がある）。

　まず，このモデルの概要を見てみよう。メスもオスもそれぞれ，子の保護（C; care の意味）と遺棄（D; desertion の意味）のどちらかの戦略をとることができる。子を保護すれば，その子の生存率は高くなるが，一方では，次の繁殖をする機会は減る。逆に，遺棄すれば，今の子の生存率は下がるが次の繁殖の機会は増える。メスとオスのそれぞれで C と D という 2 つの戦略が採用可能なので，組み合わせは 4 通りある。Maynard Smith は，メスとオスという二人のプレイヤーの間のゲーム[4]と見て，遺棄するメスと保護をするメスの子の数（前者のほうが大きい），世話をする親が 2 頭または 1 頭あるいはいないときの子の生存率，遺棄したオスが次に交尾できる確率といった値により，どのような戦略が ESS (evolutionarily stable strategy; 進化的安定戦略) になるかを検討した。なお，このモデルでは，2 プレイヤー間のゲームとしているため，オスのとる戦略はどの個体も同じであり，全てのメスもやはり皆同一の戦略をとるようになっている（モデルでのメスとオスの収支などは，表 1-1 参照）。

　このモデルの詳細を見ると，不思議なことに気がつくかもしれない（実際には長く気づかれなかった）。遺棄するオスは，子を遺棄した後で余分の交尾をするのであるが，その相手のメスはどこにいるのだろうか。それはどこにもいないのである。この 10 年あまりの間に，Maynard Smith のこのモデルでは，フィッシャー条件が成り立っておらずオス親だけがいてメス親のない子が存在すること，そしてフィッシャー条件が成り立つようにすると結果は変わることが分かってきた (Wade & Shuster 2002; Kokko & Jennions 2003; Houston & McNamara 2005. なお Wade & Shus-

---

[4] プレイヤー間のモデルであるため，1 つの個体群内に子を保護するメスと子を遺棄するメス（あるいは保護するオスと遺棄するオス）がいる可能性は除かれている (Webb et al. 1999 参照)。

表 1-1 Maynard Smith (1977) の，子の保護における性的役割のモデル　メスもオスも，子の保護 (C) と遺棄 (D) のどちらかをとりうる。P_0, P_1, P_2 は，それぞれ保護する親の数が 0, 1, 2 のときの卵の生存確率である。保護する親が多いほうが生存確率が高いと考えて，$P_0 \leq P_1 \leq P_2$ と仮定されている。w はメスが保護するときにメスの産む卵数，W はメスが遺棄するときにメスの産む卵数で，メスは保護しないほうが多くの卵を産めると考えて，$w \leq W$ と仮定されている。p は，オスが遺棄したときに余分に交尾できる確率である。

	メスの収支			オスの収支	
	オスが C	オスが D		オスが C	オスが D
メスが C	wP_2	wP_1	メスが C	wP_2	$wP_1(1+p)$
メスが D	WP_1	WP_0	メスが D	WP_1	$WP_0(1+p)$

注：Maynard Smith (1977) の原論文では子の保護は G，遺棄は D と表記されている。

ter 2002 については Fromhage et al. 2007 も参照）。Maynard Smith のモデルをどう変更してフィッシャー条件が成り立つようにするかにより結果は異なるが，例えば，子を遺棄するオスの新たな交尾相手は子を遺棄するメスであり，保護するメスは新たな交尾の相手とならないとしてみよう（この仮定は妥当であろう）。メスだけが子を保護していてオスは子を遺棄している状態を考えると，メスは全て保護なので，オスは余分な交尾をする相手がいない。そこで，このとき，オスでは子の保護のほうが子の遺棄よりも有利になる。したがって，メス親だけが子を保護するのは ESS とはならなくなる[5]（Webb et al. 1999 など）[6]。

Trivers (1972) によって始まり，多くの研究者に使われたもう 1 つの議論に最大可能繁殖率 (potential reproductive rate; PRR[7]) に基づくものがある。ここでは繁殖率とは繁殖成功そのものを指しており，最大可能繁殖率は交尾相手の制限がないとき（無数にいるとき）の繁殖率，すなわち子の数である。精子のほうが卵よりもずっと数が多いので，最大可能繁殖率

---

[5] 実際には，メス親だけによる子の保護は，動物界全体で最も多く見られる子の保護のタイプである（例えば，Kokko & Jennions 2003）。

[6] 親 1 頭で保護したときの子の生存率が両親が保護したときの生存率より高ければ，メス親だけによる子の保護は ESS となりうるが，これはそもそもの想定（表 1-1）の逆である。

[7] 従来は，潜在的繁殖速度と呼ばれてきた。

は多くの場合，オスのほうがはるかに高いと考えられる．オスは子を保護すると，この最大可能繁殖率に比べてはるかに低い繁殖成功しか残せないだろう．一方，メスでは最大可能繁殖率が低いため保護しても繁殖成功の低下はオスに比べて小さいだろう．オスはメスに比べて子を保護することにより失う利益が大きいため，子の保護をしにくいのだと考えるわけである．だが，最大可能繁殖率の比較は妥当だろうか．フィッシャー条件により，両性の繁殖成功の合計は等しいので，メスの繁殖率が変わらずに全てのオスで最大可能繁殖率が実現することはありえない．最大可能繁殖率が平均的なオスで現実のものになるようなら，平均的なメスも同じだけの繁殖率を持つはずである[8]（総説として，Kokko & Jennions 2008）．

1-1-4 性　比

　実効性比（operational sex ratio; OSR）とは，交尾できる状態にあるメスとオスの個体数の比である．交尾可能な齢に到達した個体の全てがある時点で交尾可能なわけではない．交尾中や子の世話の最中だったり，配偶子やエネルギーの枯渇からの回復途中などで交尾できない個体もいる．交尾可能な齢に到達した個体について，交尾できる状態を time-in，交尾できない状態を time-out と呼ぶ（Clutton-Brock & Parker 1992）．交尾できる time-in の状態にある個体の全体集合を交配プールと呼ぶと，OSR は交配プールでのメスとオスの数の比，すなわち time-in の状態にあるメスとオスの個体数の比である．交尾可能な齢に達した個体はまず time-in 状態になって交配プールに入り，交尾すると time-out になる．交尾とそれに続く繁殖の過程（子の世話などが含まれる）が終わると，time-in 状態に戻って交配プールに再度加わってくることになる．したがって，OSR は時とともに変化する（図 1-2）．

　OSR からは，交配プールにいるメス個体とオス個体が交尾できる平均的な確率の比がすぐ分かる．例えば，今 1 回の交尾が起こるとする．それは

---

[8] 正確には，「1-1-2 フィッシャー条件」の項で見たように，オスの実際の繁殖率を性比で割ったものになる．

1-1 交尾行動とメスとオスの差

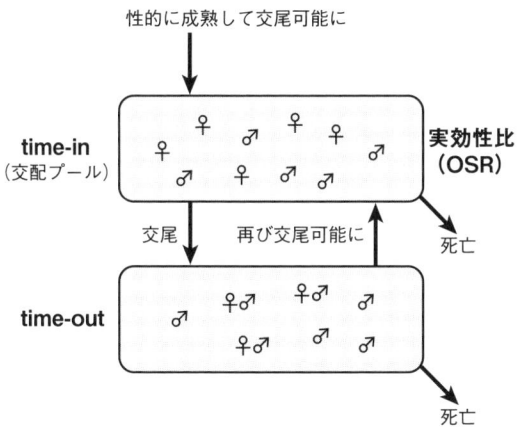

図 1-2 time-in, time-out と性比　交尾可能な状態が time-in である．交尾中や子の養育中，消耗やエネルギー枯渇などにより交尾可能でない状態が time-out である．time-in の状態にある個体の性比が実効性比（OSR）である．

交配プールにいる1頭のメスと1頭のオスの間で行われるから（フィッシャー条件），交尾できる平均的な確率は，メス対オスで，1/（交配プールにいるメス数）：1/（交配プールにいるオス数）である．OSRはメス対オスなら，（交配プールにいるメス数）：（交配プールにいるオス数）であるから，この交尾確率の比の逆数になる．OSRが偏っていれば，フィッシャー条件から，数が多いほうの性が交尾できる確率が低い．また，OSRは子への保護も含めた親の投資に影響を受けるとは考えられてきた（例えば，Clutton-Brock & Parker 1992）が，逆にOSRが性淘汰を介して子への保護をはじめ親の投資に与える影響は，最近まであまり検討されてこなかった（Kokko & Jennions 2012）．

ただし，OSRは交尾における競争の強さの一部を表しているにすぎず，ベイトマン勾配（Bateman gradient; Box 1-2 参照）や繁殖成功の個体間の分散（variance）も，性淘汰の効果を左右する重要な要素である．例えば，OSRは交尾がどのくらい起こりにくいかを性間で相対的に表しているが，交尾率が上がったときにどれだけの適応度上昇に結び付くかはベイトマン勾配による．

Box 1-2　ベイトマン勾配

　ベイトマン勾配（Bateman gradient）は，それぞれの性において，交尾相手の数（交尾率と呼ばれることもある）に対して，繁殖成功が平均的にはどう変化するかを表す量である。メス・オスのそれぞれで，交尾相手の数を横軸に，繁殖成功を縦軸にとったグラフで，直線回帰をしたときの直線の傾きとして表現される。このベイトマン勾配は，交尾相手の数に対してどのように淘汰（方向性淘汰）が働いているかを見ていることになる。交尾相手の数への淘汰の強さを雌雄間で比べる際に，ベイトマン勾配の値が使われてきた。雌雄間の繁殖成功や交尾相手の数の関係は，フィッシャー条件によって制約されるので，互いに独立して変化できるわけではないことには注意が必要である。

　図 1-3 で示している例は，以下の状況である。メスは交尾しないと繁殖成功がゼロだが，1 頭のオスと交尾すれば受精に必要な精子を受け取ることができ，複数のオスと交尾してもそれ以上には繁殖成功が増えない。オスでは，交尾相手の数に比例して繁殖成功が増えている。これに近い状況は，性的役割が逆転していない，少なからぬ種で起こっていると考えられる。なお，それぞれの性での，交尾相手の数と繁殖成功の関係は，直線に近い形になるとは限らない。この図のメスの場合もそうであり，折れ線になっている。

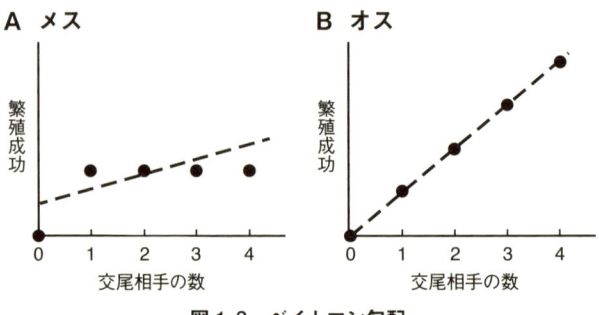

図 1-3　ベイトマン勾配

OSRに対して，繁殖可能な齢に達した両性の個体の比を成体の性比（adult sex ratio; ASR）と呼ぶことにする．こちらは交尾行動や配偶システム[9]の研究ではOSRに比べて注目されてこなかったが，フィッシャー条件のため，繁殖率の成体当たりの平均はOSRではなくASRで決まることに注意しなければならない．また，ASRが偏っていれば，time-outの時間に性間の差がなくてもOSRの偏りが生じるので，time-inにおける交尾の起こりやすさに性の間で差が生じるとともに，OSRで多いほうの性に性淘汰が働くことになる．

次項では，フィッシャー条件の制約の下でOSRとASRが性的役割の分化に及ぼす影響を詳しく見ていこう．

1-1-5 フィッシャー条件と性的役割の分化

子を保護するか遺棄するかの有利・不利には，頻度が高いほうが不利になるという頻度依存性が存在する．片方の性（仮にオスとする）で子を遺棄する個体が増えれば，交尾してもtime-out状態にある時間が短くなってすぐに交配プールに戻ってくるので競争相手が増え，そこで子を遺棄した個体が新たに交尾できる可能性は小さくなる．逆にオスのうちで子を保護する個体が増えれば，交尾後にtime-out状態にある時間が長くなりオスが交配プールになかなか戻ってこないので競争相手が減少し，交配プールでの交尾機会をめぐる競争は弱まり，そこで新たに交尾できる可能性が高くなる．遺棄が増えれば遺棄が不利に保護が有利になり，逆に保護が増えれば保護が遺棄に対して不利になる．このように，フィッシャー条件は性的役割の分化を抑える方向の力となる．したがって，性的役割が現在見られているように分化するためには，フィッシャー条件に打ち勝って性的役割を分化させる要因が必要となる．

---

9) 配偶システムの分類では，まず一夫一妻と一夫多妻，一妻多夫（他に乱婚というカテゴリーを設けることもある）などに分け，さらに一夫多妻などは資源防衛型，メス防衛型，レック型，スクランブル競争型などに細分される．だが，そこでの一夫多妻とは個体群内のオスの平均などではなく，多くのメスと交尾した一部のオスに注目したものである．

可能性としては，少なくとも，3つの要因が考えられる。1つはメスの多回交尾に伴うオスの父性の低下である。父性の低下は，オスにとって直近の交尾でできた子を保護する利益を低下させ，メスに比べてオスによる子の保護を進化しにくくする（Box 1-1）。したがって，性的役割を，オスが子の保護をせずメスが子の保護をして，メスの time-out がオスに対してさらに長くなり OSR がオスに偏ってオスが交尾しにくくなる方向（conventional な性的役割）に向かって進化させる要因となる（Queller 1997，なお Yamamura & Tsuji 1993 も参照）。分化が進むと，オスは競争相手が多いためなかなか交尾できず，強い性淘汰を受けることになる。

　もう1つは，オスに働く性淘汰自体である（例えば，Kokko & Jennions 2008）。もしメスのほうが time-out の時間が長ければ，OSR はオスに偏り，オスに対して強い性淘汰が働く。この性淘汰によってライバルに打ち勝って交尾できるような性的形質がオス側で進化すると，この交尾可能なオスは，子を保護するよりも子を遺棄して交尾成功を高めるほうが有利となるであろう。先に述べた，time-in でメスが交尾する確率とオスが交尾する確率の間の関係は，time-in の状態にあるメス全体とオス全体に関するものであり，このような性的性質を備えたオスが time-in で交尾する確率には当てはまらない（オスの平均での確率よりも高いであろう）。子の保護に関する性質への淘汰は，交尾できるオスのみに対して働き，交尾できず子を保護する機会のないオスには働かない。

　もし，子を保護することで子の大きな生存率の上昇が起こるような環境条件であれば，交尾できる一部のオスは保護に向かわないため，保護はメス側で進化しやすくなる。メスで保護が進化すると，メスの time-out がさらに長くなって OSR がオス側にさらに偏り，オスに対してさらに強い性淘汰が働くことになる。その結果，性的役割が分化する可能性がある。ただし，OSR がオス側に偏ればメスとの交尾は起こりにくくなるので，性的役割の大きな分化には，性淘汰によって性的形質がオス側において進化し，一部のオスの交尾成功が高まる効果が大きいことが必要になる。そうでなければ，オスに偏った OSR は逆に保護の相対的な価値を高めるため，

オスによる保護の進化を促すかもしれない（Kokko & Jennions 2008）。

　第3の要因として考えられるのは，ASR が偏っていることである。ASR が偏っていれば，たとえ time-out の時間に性の間で差がなくても OSR を偏らせる効果がある。Trivers（2002）は，雌雄間の死亡率の差により ASR が 1:1 から偏ることが，交尾に関する性質に大きな影響を与えると考えた．実際，ASR がメスに偏ると性的役割が逆転する方向に変化すると考えられる例が知られている（魚類の例としては Sogabe & Yanagisawa 2007; Forsgren et al. 2004，甲殻類では Kasuya et al. 1996）[10]。

　メスとオスが交尾あるいはその後の繁殖行動において，精子と卵をつくるという定義上の差を越えて違うのは，そもそもなぜかという問題は，Trivers（1972）や，それに続く Maynard Smith（1977）などにより基本的には解決済みと見なされた時期もあったのかもしれない．しかし，ここで見てきたように，頻度依存性の効果を越えて性的役割が分化してきたことを取り上げても，まだ謎のままであると言ったほうが良い状況である。

　Trivers の論文（1972）は，交尾と繁殖が両性の間の協調的な面を持つだけではなく，利害が一致しない対立も起こることを指摘した点で重要であった．だが，そこで性間の違いの分化を説明するために提案され，その後の性的役割をめぐる議論に強い影響力を及ぼした，過去の投資への拘束と最大可能繁殖率の比較という2つの論点は，いずれも妥当なものではなかったと言えるだろう．

1-2　近親交配を避ける性質

　近親交配（inbreeding）は血縁個体間の交配である．近親交配の結果できた個体では，非血縁個体間の交尾による個体と比べて生存率など適応度が低下することがよく見られる．この適応度の低下は近交弱勢（inbreeding

---

[10) 一般的には，特に実験的な研究では，ASR と OSR の変化が同時に起こっていることが多い．また，両者とも変化しているときには，その効果は OSR に帰されることが多かった．

depression）と呼ばれる。近親交配では，交尾するメスとオスが血縁個体であるので，共通祖先の同じ遺伝子のコピーを雌雄ともに持つ可能性があり，そのぶんだけ非血縁個体同士に比べて同じ対立遺伝子を持つ確率が高い。そのため，近親交配による子では，両親から同じ対立遺伝子を受け取りやすく，血縁でない個体同士の子に比べて遺伝子座に同じ対立遺伝子が2つそろう確率が高い。別の言葉で言えばホモ接合になりやすい。個体群中には，ヘテロ接合では効果をほとんど表さないが，同じ対立遺伝子が2つそろったホモ接合になると適応度を低下させる有害遺伝子がある。近親交配による子では，どの遺伝子座でもホモ接合になりやすく，有害遺伝子もホモ接合になってその効果を表しやすい。これが近交弱勢の主な内容である。

　近交弱勢の程度は，近親交配でない非血縁個体間の交尾による子に比べてどれだけ適応度が低下するかで表される。近交弱勢の程度をδとすると，適応度は近親交配しないときを1として，$1-\delta$になる。近親交配しないときに対して，適応度が100δ％低下するわけである。δは，血縁関係の強さ（血縁度rや同様の量で測られる）によっており，ホモ接合となる率は血縁関係が強いほうが高いので，他の条件が同じなら血縁関係が強いほどδが大きくなると考えられる。

　では近親交配による子では適応度の低下が見られるなら，血縁個体との交尾は不利であり，血縁個体との交尾を避ける性質が有利なのだろうか。近交弱勢の程度δを使うなら，δがゼロでなくプラス，つまり近交弱勢が少しでもあれば，血縁個体との交尾を回避する性質や非血縁個体とよく交尾する性質が有利になるのだろうか，とも言い換えられる。

　1回の交尾で得られる，成体まで生存する子の数を，非血縁個体との交尾の場合はfとする。近親交配の場合には近交弱勢のため$f(1-\delta)$になる。子は，各遺伝子座において母親と父親からそれぞれ1つずつ合わせて2つの遺伝子を受け取る。親から見ると，非血縁個体との交尾では，子の2つの遺伝子のうち1つが自分の遺伝子のコピーであるだけである。一方，血縁個体との交尾の場合には，交尾相手が血縁個体であり自分と同じ遺伝子

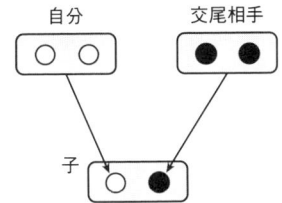

図1-4　非血縁個体間の交配と近親交配（血縁個体間の交配）　子は，両親それぞれが持つ2つの遺伝子のうちの1つを受け取る。近親交配の場合には，子が持つ2つの遺伝子のうち，自分の遺伝子のコピー（○）だけでなく，交尾相手の遺伝子のコピー（●）もある確率で自分の遺伝子と同じものである。この確率は血縁度rに比例している。

を高い確率で持っているので，そちらを経由しても自分の遺伝子のコピーが次世代に伝わることになる（図1-4）。このように他個体（の配偶子）経由で遺伝子のコピーが伝わるので，包括適応度を使う必要がある。

近親交配でなければ，この1回の交尾から生まれる子による，親の包括適応度はfである（こちらは他個体経由のぶんがないので，包括適応度も適応度と同じくfである）。近親交配の場合（交尾する2個体間の血縁度をrとする）には，自分自身の配偶子については$f(1-\delta)$，血縁個体の配偶子経由では血縁度を掛けて$fr(1-\delta)$であり，包括適応度は$f(1+r)(1-\delta)$となる[11]。非血縁個体と交尾したときの包括適応度は，$f(1+r)(1-\delta)$において$r=0$であるからδも0であり，$f(1+0)(1-0)=f$である。

そこで，非血縁個体と交尾したときと血縁個体と交尾したとき（近親交配）の包括適応度を比較すると，非血縁個体と交尾したときのほうが大きいのは，$f>f(1+r)(1-\delta)$つまり$(1+r)(1-\delta)<1$のときである。この式からは，近交弱勢があれば直ちに血縁個体との交尾を避ける性質が有利になるのではなく，血縁度rとのバランスによることがうかがえる（Parker 1979などにも同様の指摘がある）。片方の親から見たとき，近親交配による子は自分と同じ遺伝子を多く持つ率が高いため，この遺伝子伝達の効率

---

[11]　親の持つ2つの遺伝子の片方が子に伝えられるので，包括適応度では，子の数に0.5を掛けることがある。その表記でも，全体に0.5が掛かって$0.5f$と$0.5f(1+r)(1-\delta)$になるだけであり，以下の検討には影響しない。

の高さを近交弱勢による不利さが上回ったときに，非血縁個体との子のほうが，いわば価値が高くなる。

近親交配による子の価値と非血縁個体との子の価値が等しくなるような近交弱勢の強さをδ^*とすると，$r/(1+r) = \delta^*$である（例えば，Smith 1979; Kokko & Ots 2006）。両親とも同じである兄弟姉妹（full-sib）間の交尾を例にとると，$r=0.5$なので$\delta^*=1/3$となる（Smith 1979にちなんでスミスの1/3とも呼ばれる）。近親交配による適応度の低下が33.3％未満なら，むしろ両親とも同じである兄弟姉妹と交配した子のほうが，非血縁個体との子よりも包括適応度で見た価値が高いということになる。δ^*は，片親のみが同じ兄弟姉妹（half-sib）間の交尾であれば$r=0.25$で，0.2となる。

この比較は，交尾相手が血縁個体と非血縁個体のときにいわば「子の価値がどうであるのか」を見ている。異性の血縁個体と遭遇したときに「交尾するかしないか」どちらが有利かには，これだけでは一般的には不十分である。考える必要があるのは，その異性個体と「交尾する」という選択肢をとったときと「交尾しない」という選択肢を採用した際には，どのような包括適応度の違いがあるのかである。

血縁と非血縁の異性個体が同時に現れて，そのどちらと交尾するかを選ぶといった状況では，子の価値の比較をすればよいということもある。だが，異性の個体1頭ずつと遭遇するなら，その個体と交尾した場合としなかった場合を比べてみる必要がある。例えば，血縁の異性の個体と遭遇して交尾し（time-out状態への移行），一定時間経過後に再び交尾できる状態になった（time-in状態への復帰）としよう。もし，異性の個体との遭遇がよく起こるのであれば，この交尾の期間（time-out状態にある期間）には，この血縁個体と交尾しなかったとしても他の異性個体との交尾の機会がある。だが，遭遇が稀であればほとんど交尾できないことになる。そこで，次のような比較をすることになる（図1-5も参照）。

血縁個体と交尾した場合　　$f(1+r)(1-\delta)$
血縁個体と交尾しなかった場合　　$f \cdot$（遭遇率）$+ fr \cdot$（遭遇率）

この比較では，血縁個体と交尾しなかった場合の交尾相手は非血縁個体に

1-2 近親交配を避ける性質

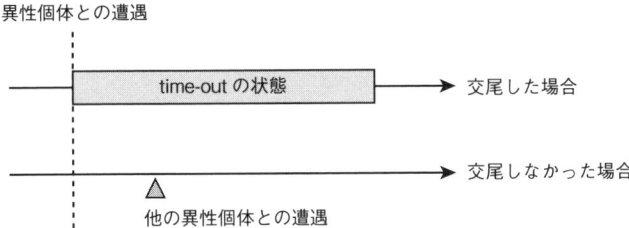

図 1-5　交尾/交尾拒否と機会の喪失　遭遇した異性の個体と交尾して time-out の状態になると，交尾しなかった場合と比べると他の異性個体と遭遇し交尾して適応度を得る機会を失う。

なるとしている．血縁個体と交尾しなかった場合の最初の項は自分自身が交尾することで得られる包括適応度を，第 2 の項は交尾しなかった血縁個体が自分以外の個体と交尾することによる包括適応度を表している．例えば，異性個体との遭遇が稀で遭遇率が非常に低ければ，血縁個体と交尾しなかった場合の包括適応度はほとんどゼロであり，近交弱勢の程度が大きくても血縁個体と交尾したほうが有利ということも起こる．逆に遭遇率が高くて，血縁個体と交尾しなかった場合，自分も血縁個体も，それぞれ非血縁個体とすぐ交尾できるのであれば，近交弱勢のぶんだけ，血縁個体と交尾するほうが不利ということが起こりうる．

　ある異性個体と「交尾するか，交尾しないか」という決定の有利・不利を考えるためには，交尾しなかった場合と比べて交尾したことにより失われる機会を見る必要がある［採餌の研究などでの lost opportunity あるいは missed opportunity とよく似ている (Stephens & Krebs 1986 など)］．単純に子の価値を近親交配とそうでないものの間で比較するのと同じになることもあるが，それは限られた場合である．

　もう 1 つ，交尾するかしないかを決定する際には，決定は自分の適応度だけでなく交尾相手の候補である相手の適応度にも影響する．血縁個体が交尾相手の候補となると，血縁個体である相手の適応度への影響を経由して自分の包括適応度に影響する可能性がある．例えば，近親交配を回避して血縁個体と交尾しないと，その血縁個体の交尾機会を減らすので，自分

にも不利になるかもしれない。交尾行動の文脈では，血縁淘汰や包括適応度が必要とされることは従来は多くはなかったが（しかし，レックをつくって求愛するオス間の血縁が重要な，Shorey et al. 2000 のような例もある），社会行動の文脈では血縁個体の適応度への効果が行動の進化に重要な影響を及ぼすことは広く認識されている。近親交配も血縁個体相手の一種の社会行動であると見ることができるので，包括適応度を考慮しなければならないのは当然だと言える。

　近親交配を回避する性質がいったん進化すると，個体群での近親交配が起こる率が低下し，有害遺伝子が個体群中から除かれにくくなる。これは近交弱勢を強めることになり，近親交配の回避はさらに有利になる。一方，血縁個体と交尾する性質が進化すると，近親交配が起こる率が高くなり，有害遺伝子が個体群中から除かれやすくなる。すると近交弱勢の程度が下がり，血縁個体との交尾はさらに有利になる。このように，近親交配の回避や血縁個体との交尾には正のフィードバックが働く（Lehtonen & Kokko 2012，植物についての Lande & Schemske 1985 のモデルと同様の結果である）。

　血縁個体との交尾をめぐる意思決定の有利・不利は，メスとオスでは異なる可能性がある。以下のような例で考えてみる。メスは1回の交尾で保有する全ての卵を受精するのに十分な精子を受け取れる。異性の個体との遭遇頻度は高く，交尾時間はごく短く，交尾後に親による子の世話はない（time-out の時間がほとんどない）。この条件の下では，メスは生涯のどこかで一度交尾できればよく，オスとの遭遇頻度は高いので，血縁個体との交尾を拒否してもあとで非血縁個体と遭遇できる。オスは交尾時間を含め1回の繁殖にかかる時間がごく短いので，交尾することによる機会の喪失は無視できる。これに近い状況は，親による子の保護がなく交尾がごく短時間の種では珍しくないだろう。

　この状況で，異性の血縁個体と遭遇したときに交尾する/交尾しないという決定の包括適応度を検討してみる。

　まず，包括適応度でなく適応度を，メスとオスについて見る。

1-2 近親交配を避ける性質

メス

血縁個体と交尾した場合 　　$f(1-\delta)$

血縁個体と交尾しなかった場合 　　f

オス

血縁個体と交尾した場合 　　$f(1-\delta)$＋その他の交尾による適応度

血縁個体と交尾しなかった場合 　　0＋その他の交尾による適応度

オスの,「その他の交尾による適応度」の部分は機会の喪失が無視できるので，血縁個体と交尾した場合でもしない場合でも等しい．したがって，適応度の違いとしては，以下のように比較すればよい．

メス

血縁個体と交尾した場合 　　$f(1-\delta)$

血縁個体と交尾しなかった場合 　　f

オス

血縁個体と交尾した場合 　　$f(1-\delta)$

血縁個体と交尾しなかった場合 　　0

包括適応度の違いは，相手の個体の適応度に r を掛けたものと自分の適応度を足せばよいから，

メス

血縁個体と交尾した場合 　　$f(1+r)(1-\delta)$

血縁個体と交尾しなかった場合 　　f

オス

血縁個体と交尾した場合 　　$f(1+r)(1-\delta)$

血縁個体と交尾しなかった場合 　　fr

ここから，血縁個体との交尾を拒否したほうが有利になる条件は，

メス

$$(1+r)(1-\delta)<1 \quad つまり \quad \frac{r}{1+r}<\delta$$

オス

$$(1+r)(1-\delta)<r \quad つまり \quad \frac{1}{1+r}<\delta$$

である．メスとオスにとっての条件を比較すると，オスのほうが血縁個体との交尾を拒否することが有利になる状況が狭いことが分かる．例えば，血縁個体として父母とも同じ兄弟姉妹を考えると，$r=0.5$ だから，メスでは近交弱勢の程度 δ が 1/3 と 1 の間では血縁個体との交尾拒否のほうが有利になるのに対して，オスでは δ が 2/3 と 1 の間では血縁個体との交尾拒否のほうが有利になる．δ が 1/3 と 2/3 の間では，オスは血縁個体と交尾するほうが有利だがメスは拒否するほうが有利になり，両性の利害が一致しない．

ここでは，性的役割などで問題となった整合性（Houston & McNamara 2005）を考慮していない．だから，メスとオスの利害の不一致が起こるということにとどめて，実際の状況の分析は整合性の条件を考慮して行うべきだろう．

交尾相手を選ぶ行動の進化においては，近親交配は必ずしも不利とは限らない．交配の結果の子の価値（進化に関するので，包括適応度で測るのが適切であろう）は，血縁度（子への遺伝子の伝達の効率の高さ）と近交弱勢のバランスで決まる．血縁個体との交尾をめぐる行動の進化のうえでの有利・不利では，さらに交尾をめぐる決定での各選択肢における包括適応度を比べる必要がある．

さて，では近親交配が不利だということは間違っているのだろうか．それは決して誤りではなく，例えば，生物の保全や個体群管理などにおいて個体数が減少しないことを目的にする際には，近交弱勢が現実に生じることはマイナスであろう．ただ，交尾相手を選ぶ行動の進化では他に考慮すべき要素が存在するのである．一般に，個体群のレベルでの個体数の増加（個体群や集団のレベルでの有利さといってもよいだろう）と，進化における有利さは同じ条件とは限らない．ここで取り上げた場合に限られたことではなく，適応度が個体群内の他個体の振る舞いで変化する頻度依存性が見られるときにはよく起こる状況である[12]．

---

12) 例えば，典型的な例として，資源をめぐる個体間の争いをモデル化したタカ・ハトゲームで資源の価値が大きいときがある．

もしも，近交弱勢があるときには（$\delta>0$なら）いつも血縁個体との交尾が進化上不利になるのであれば，上で見たようなメスとオスの利害の不一致は起こらない。このことも，進化における有利・不利が近交弱勢のみで決まらないことの結果である。

1-3　今後の課題

1-3-1　性的役割：親の投資と配偶への投資

　従来の性淘汰理論では，メスが保護を行いオスはメスをめぐって争うことを，ある意味単純に仮定していた。しかし，ある親が保護を行うか配偶をめぐって争うかの意思決定は，現在の配偶相手の行動だけでなく，将来の配偶機会（それは配偶をめぐって争う性の個体群密度の関数になっている）にも依存する。交尾行動とその関連形質の進化に対する理解を深めるには，性的形質の進化，配偶相手の選好性の進化，子の保護の進化といった進化のダイナミクスと，保護者と競争者の密度にフィードバックするような迅速に働く生態的ダイナミクスの両方を考慮したモデルを考える必要がある。

　かつて，オスに偏ったOSRはオス間競争を激化させ，それゆえにオスによる子の保護の進化に不利になると考えられていた（Trivers 1972）。しかし，オスは配偶をめぐる激しい競争に直面するため，実際には逆に保護の相対的な価値を高めるかもしれないのである（Kokko & Jennions 2008）。生物によって異なる同性内競争のコスト，同性内の複数形質（配偶投資，親の投資，配偶者選択）間のトレードオフや共進化，これらの雌雄間のフィードバックや共進化など，現実に即した性淘汰の過程を考慮する必要がある（Alonzo 2010）。

　例えば，従来の理論では親の投資は配偶のコストになる，すなわち親の投資と性的形質への投資はトレードオフの関係にあると仮定されていた（Kokko 1998など）。しかし，親の投資自体が配偶者選択の標的形質になれば，この仮定は成立しない。子の適応度を高める親の投資（例えば，子

の保護)は配偶相手に直接的利益を与えるため，高い親の投資自体が配偶者選択の対象となる場合がある［魚類(Lindstrom et al. 2006)や節足動物(Nazareth & Machado 2010)で実例が知られている］。オスの親の投資，メスの親の投資，メスによる(配偶相手による，親の投資に基づく)配偶者選択の共進化を考慮すると，オスによる子の保護とメスによる子の遺棄が同時に進化し，さらに低い父性でもオスによる子の保護が進化可能となることが理論的に示されている(Alonzo 2012)。

また，過去には注目されなかった，OSRが性淘汰を介して親の投資に与える影響に関しても，すでに検討は始まっている。性的魅力の高いオスと配偶した際にメスが親の投資を高める現象を差別的投資(differential allocation：Burley 1988; Sheldon 2000)，逆に性的魅力の低いオスと配偶したメスが親の投資を高める現象を繁殖補償(reproduction compensation：Gowaty et al. 2007)と呼んでいる。すでに見てきたように，OSRは性淘汰の強さを左右する要因の1つであり，当然ながらメスによる配偶者選択にも影響するであろう。OSRの偏りが，メスによる配偶者選択の強さを変えることを通じて，差別的投資や繁殖補償のように，親の投資に影響する可能性がある。

1-3-2 血縁個体との交尾および交尾回避

これまで，近親交配は不利であって回避がいつも有利であり，近親交配するのは，例えば交尾できる範囲に実質的に血縁個体しかいないような制約があるときなどに限られると考えられることが多かった。そのため，血縁個体との交尾や交尾回避は，その適応進化の観点から研究されることが少なかった。したがって，血縁個体との交尾をめぐっては，まだ明らかにされていない現象がたくさん眠っている可能性がある。また，いったん血縁個体との交尾あるいは交尾回避が進化すれば，それは他の社会行動の進化にも影響を及ぼす可能性がある。交尾行動と社会行動は別のラインとして研究されることが多かったが，血縁個体との交尾や交尾回避は両者をつなぐ新しいテーマとなる可能性がある。

1-3-3 生態的要因と交尾行動

　個体群を取り巻く死亡要因とその効果の大きさ，餌などの資源の量と分布などの生態学的要因が，交尾行動の進化や条件戦略の内容に与える影響は，重要な研究の領域であるだろう．例えば，成体になるまでの死亡率やその性差は交尾行動との関連ではあまり注目されてこなかったが，性的役割について上で議論したときにも述べたように，ASR を決める大きな要因である．そして，ASR は性淘汰を通じて性的役割や交尾行動に影響すると考えられるのである．

　性的役割は典型的に異なる性質の性差に注目したものだが，交尾相手の探索をどちらの性が（あるいは両性が）行うか，探索にどちらの性がどれだけのコストをかけるのかという性の間の違いは，未開拓の部分が多い．探索とそれに関わるコストを扱う際には，片方が信号を出してもう片方の性が動いてその信号の発信位置まで到達することにより，両性が遭遇する場合でも，信号を出す側が大きなコストを払っているとは限らないことに注意する必要がある．信号が化学的なもの，例えば性フェロモンであったとしても，信号を出す側が化学的信号を担う物質の分泌に特殊化した大きな器官を持つ場合もあれば，逆に，（信号を出す側はその物質をごくわずか持つだけで）信号を受ける側が精巧な感覚器を持ち移動のエネルギーを費やして信号の出どころまで到達する場合もある．後者ではむしろ，鋭敏な感覚器と探索のための移動が必要になる側が大きなコストを要している可能性がある［これについては，Williams 1992 に始まるメスの性フェロモンに関する議論（Carde & Minks 1997 など参照）や，交尾の場面ではなく，捕食者の存在に対する警報であるが，von Frisch の Schreckstoff[13] をめぐるその後の研究（Magurran et al. 1996 参照）も参考になる］．

　同種の個体間に見られる，交尾に至るまでの大きな行動の違いが，多く

---

13) 淡水魚の一部で見られる，捕食を受けたときに被食者から水中に放出される物質で，同種の他個体をはじめとする個体の逃避行動を促進する効果があり，フェロモン研究の初期には典型的なフェロモンの例とも考えられていた．

の場合には条件戦略の一部であることは1980年代にすでに明らかになっている。この代替的交尾戦術（遺伝的な違いがあれば代替的交尾戦略と呼ぶべきであろう）は，多数の実例の積み重ねにより，今や当たり前の存在になっている。だが，適応度で見た戦術間の有利・不利などを除けばなお，未解明の部分が大きい。

この章で述べた内容は，現在議論の続く，あるいは今後の研究を待つ論点の一部にすぎない。Kuijper et al. (2012)は，交尾行動の進化を説明する従来の理論を整理し検討を加えている。本章と合わせて参照されたい。

2
性淘汰理論を整理する

林　岳彦

はじめに

　1990年代まで代表的な性淘汰理論であったランナウェイ説や優良遺伝子説は，現在ではしばしば「古典的性淘汰理論」と呼ばれている。それらの理論を「古典的」なものへと押しやったのは，性的対立説である。性的対立説の相対的な優位点および弱点を適切に理解するためには，それらの「古典的性淘汰理論」についても正しく理解しておく必要があるが，それぞれの性淘汰理論およびその理論間の関係は一見多様かつ複雑であり，専門外の人々には取っつきにくい部分も少なくないと思われる。

　本章の目的は，それらの性淘汰理論の内容およびその理論間の関係をできるだけすっきりと整理することにある。本章では数式をなるべく用いずに各理論の解説を行い，数式を用いた解説については章末に補遺Aとして収録した。さらに最適な交尾回数をめぐる性的対立の理論モデルについては，章末の補遺Bにおいてやや詳細に解説した。

2-1　性淘汰理論の概観

2-1-1　性淘汰とは何か：「繁殖において有利」というアイデア

　オスのクジャクの羽のような華美な形質はどう見ても生存にとっては不

利なように思われる。では，なぜそのような形質が進化することができたのだろうか？　性淘汰の概念は，このような「生存にとっては不利なように思われる」華美なオスの形質の進化を説明するためにダーウィンが初めに考え出したものである (Darwin 1871; Clonin 1991; 長谷川 2005)。性淘汰の基本的なアイデアは，そのような華美な形質は「生存においては不利かもしれないが繁殖において有利なので進化しうる」というものである。後述するように，このダーウィンの示したアイデアは現在までに分岐と発展を重ねていくつかの理論群へと集約されてきている。

　「性淘汰」と「自然淘汰」の定義の仕方にはいくつかの流儀が存在するが，本章では「繁殖相手の数と性質の違いにより生じる適応度の差」に起因する進化を「性淘汰」と定義し，それ以外の要因により生じる適応度の差に起因する進化を便宜的に「自然淘汰」と呼ぶ。本来ならば，性淘汰は自然淘汰の１つの要素として捉えられるのが自然であり適切でもある。例えば，Futuyma (1998) は "sexual selection" を "natural selection" の１つの要素であると捉え，性淘汰以外の淘汰について特に言及する際には "ecological selection" という術語を用いている。ただし "ecological selection" という術語はそれほど一般的ではないため，本章では便宜的に「自然淘汰」という語をこの "ecological selection" の意味で用いていく。

　性淘汰は一般に (1) 配偶者の獲得をめぐる同性間競争によるもの，(2) 配偶相手の選り好み［配偶者選択 (mate choice)］によるもの，の２つに大別することができる。前者の例としては，シカのオス同士でのメスをめぐる直接的な闘争によって生じる性淘汰などが挙げられる。後者の例としては，メスが華美なディスプレイ形質[1]を持つオスを選り好むことによって生じる性淘汰などが挙げられる。本章では，主に後者の「配偶相手の選り

---

[1] 本章ではメスの選り好みの対象となるオスの形質に対して，「装飾形質」ではなく「ディスプレイ形質」という用語を採用した。これは，「形態的に派手」な形質とともに「行動的に派手」な形質（ディスプレイ的な行動）についても性淘汰理論の射程に含まれることを意図したものである。メスの配偶行動に影響するオスの形質を記述する用語についてのより厳密な議論については，Box 2-1 での議論も参照されたい。

好み」による性淘汰について議論を行う。配偶相手の選り好みに基づくオスのディスプレイ形質の進化を考えるうえでは、「メスの選り好み自体が進化・維持されるかどうか」が最も重要なポイントとなるため[2]、以下の議論では「メスの選り好みの進化」に着目し説明する。

2-1-2　メスの配偶者選好性の進化理論の分類：6つの理論

メスの配偶者選好性（配偶相手の選り好み）の進化を説明する主な理論は、大きく分けて次の6つに分類できると考えられる（図2-1）。

(1) 知覚バイアス説[3]：　自然淘汰によって進化したメスの知覚上のバイアスの副作用として、メスの配偶者選好性が生じる。

(2) 繁殖干渉回避説[4]：　他種からの繁殖干渉を避けるためにメスの配偶者選好性が進化する。

(3) ランナウェイ説[5]：　魅力的なオスと交尾することにより、より多くのメスと交尾できる魅力的な息子が得られるのでメスの配偶者選好性が進化する。

(4) 優良遺伝子説[6]：　オスの魅力は個体の遺伝子の質などの「指標」として働いており、魅力的なオスを選ぶことにより優れた遺伝子を持つ子が得られるのでメスの配偶者選好性が進化する。

(5) 性的対立説[7]：　繁殖に関わる直接的コストを避けるためにメスの

---

2) いったんメスの配偶者の選り好みが進化してしまえば、オスのディスプレイ形質の進化は比較的容易に起こりうる。

3) 英語では sensory bias theory. 感覚バイアス説と訳されることもある。sensory exploitation theory や supernormal stimuli theory と呼ばれることもある。

4) 「繁殖干渉回避説」というのは定着している用語ではないが、他に適当な用語が存在しないため、本章では便宜的な呼称として用いた。

5) 英語では runaway theory. Fisher theory, Fisher-runaway theory, sexy-son model と呼ばれることもある。一般に、「古典的性淘汰説」という用語はランナウェイ説と優良遺伝子説のことを指す。

6) 英語では good-gene theory. indicator theory, handicap theory と呼ばれることもある。

7) 英語では sexual conflict theory. chase-away sexual-selection theory, sexually-antagonistic sexual selection theory と呼ばれることもある。

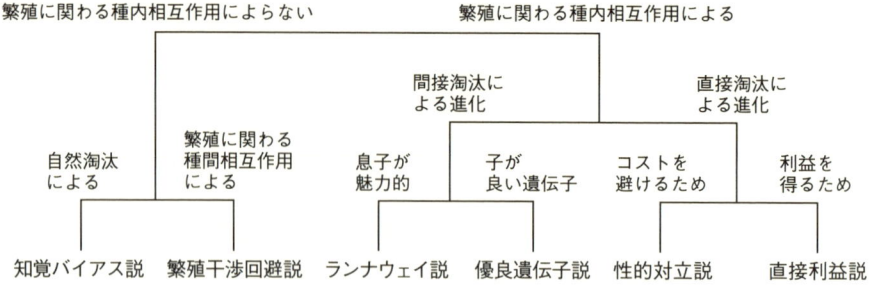

```
繁殖に関わる種内相互作用によらない         繁殖に関わる種内相互作用による
                                         ┌──────────┬──────────┐
                                      間接淘汰に            直接淘汰に
                                      よる進化              よる進化
   自然淘汰    繁殖に関わる      息子が    ┌──────┐     コストを    利益を
   による     種間相互作用      魅力的    子が       避けるため   得るため
              による                    良い遺伝子
   │          │              │       │            │          │
 知覚バイアス説 繁殖干渉回避説 ランナウェイ説 優良遺伝子説  性的対立説  直接利益説
```

図2-1 配偶者選好性の進化理論は大きく6つに分類できる

配偶者選好性が進化する。

(6) 直接利益説[8]：子育てや婚姻贈呈など繁殖に関わる直接的利益を得るためにメスの配偶者選好性が進化する。

上記の分類は整理のための便宜的なものであり，実際には各理論の境界は連続的な場合もあることに留意する必要がある。例えば，性的対立説と繁殖干渉回避説の主な違いは，雌雄間の繁殖に関わる相互作用が同種内で起きるか異種間で起きるかの違いにある。同種と異種の境界は連続的なものであることから，性的対立説と繁殖干渉回避説の境界も連続的なものであると捉えることができる。また，後述するが，これらの各理論における進化要因は排他的ではなく同時に働きやすいことにも注意が必要である。

2-2 各性淘汰理論の内容

本節では，図2-1に示したそれぞれの性淘汰理論について，数式を用いずに解説する。数式を用いた解説については章末補遺Aに収録したので，各理論についてより正確に理解したい読者は適宜参照していただきたい。以下を通して，具体的なイメージをつかむために，オスのディスプレイ形

---

[8] 英語では direct benefit theory.

質として「魚におけるオスの体表面上の赤い斑点の数」，メスの選好性として「オスの赤い斑点の数に対する選り好み」を適宜想定しながら説明する。

2-2-1 知覚バイアス説：知覚的に好き

知覚バイアス説では，自然淘汰によって進化した「メスの知覚システムに存在する生理学的特性」の副作用としてメスの配偶者選好性が進化したと考える (Ryan 1990, 1994; Basolo 1990, 1995)[9]。例えば，ある魚の主要な餌が赤い色をしていると想定してみよう。その場合，赤い色に対しての感度がより高い個体は，水が懸濁しているような悪条件においてもより餌を見つけやすくなるかもしれない。このような場合，赤い色への高い感受性が自然淘汰によって進化しうるだろう。もしこのような赤色への感受性のバイアスが自然淘汰により進化している場合，体表に多くの赤い斑点を持つオスは交配相手として目立つことができ，より多くのメスと交配できるようになるかもしれない。このような過程でメスの赤い斑点に対する選好性とオスの体表面上の赤い斑点の数が進化すると考えるのが，知覚バイアス説である（図 2-2 A）。

知覚バイアス説において最も本質的な要素は「メスの選好性の原因となる知覚バイアスが自然淘汰により維持されている」という点であり，この点で知覚バイアス説を他の性淘汰説と区別することが可能である (Fuller et al. 2005；章末補遺 A も参照)。

知覚バイアス説を支持するとされる事例としては，カダヤシ科の熱帯魚であるソードテールとその近縁種であるプラティにおける，オスの尾鰭に対するメスの選好性の例がよく知られている (Basolo 1990, 1995)。ソード

---

[9] 知覚バイアス説は研究者によってその定義と位置づけに幅があり，「なぜ，ある特定のシグナルが配偶者選択形質として用いられるようになったか」というシグナルの設計を説明する理論として言及されることもあれば，「メスの選好性一般の進化」を説明するための進化理論として言及されることもある。また，他の性淘汰説におけるメスの選好性の「起源」を説明するための補足的な理論として扱われることも多い。本章では Fuller et al. (2005) の主張に賛成し，知覚バイアス説をメスの選好性一般の進化に関する独立な進化理論として扱う。

テールのオスは非常に長いひらひらとした尾鰭を持っており，ソードテールのメスはその尾鰭の長さに対する選好性を持っている。一方，プラティのオスはソードテールのオスのような長い尾鰭を持たないが，面白いこと

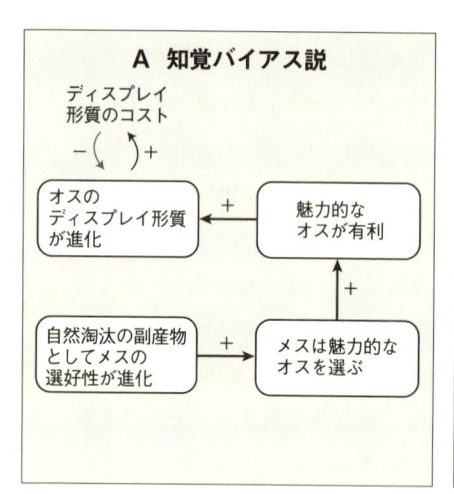

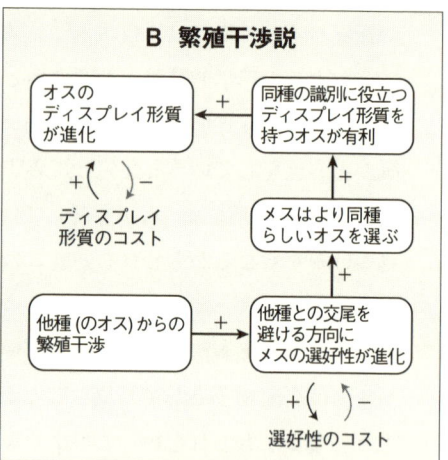

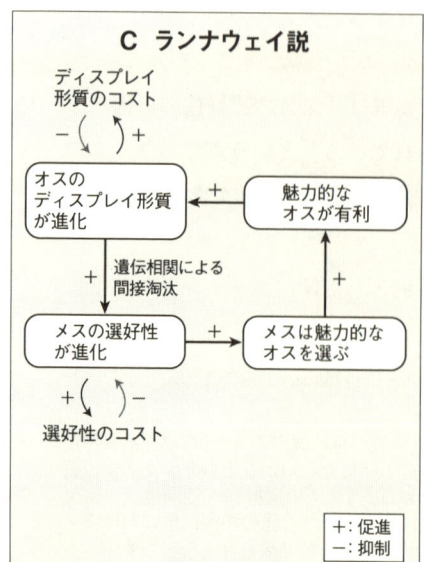

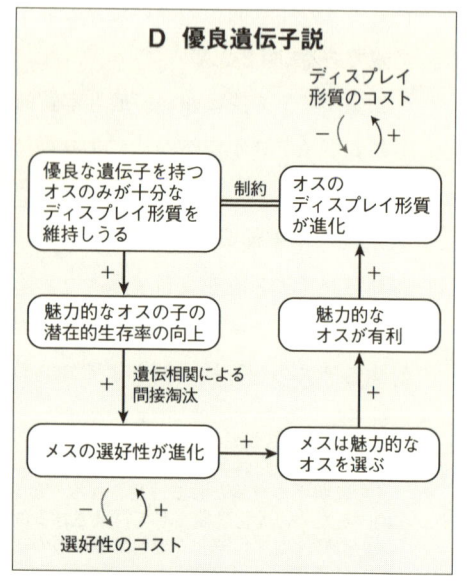

図 2-2 各配偶者選好性理論における主要な進化動態の流れ図

2-2 各性淘汰理論の内容　　　　　　　　　　　　　　　　　　　　33

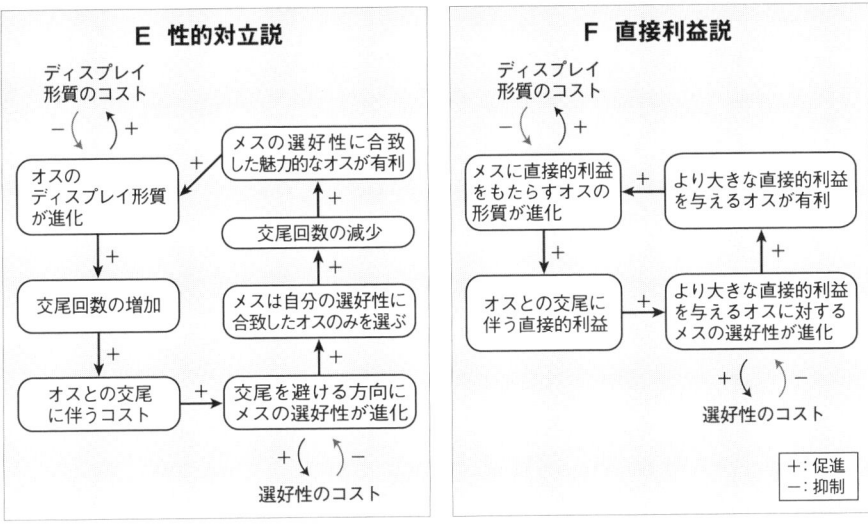

図2-2（続き）　各配偶者選好性理論における主要な進化動態の流れ図

に，ソードテールのメスと同様に，プラティのメスもソードテールのような長い尾鰭に対する選好性を持っていることが発見されている。このような「その種にはそもそも存在しないオスのディスプレイ形質に対するメスの選好性」の存在は，メスの選好性が自然淘汰によって形作られた知覚バイアスによりオスのディスプレイ形質に先行して進化していることを示唆している[10]。

2-2-2　繁殖干渉回避説：他種は嫌いです

　繁殖干渉回避説では，メスの選好性は他種オスとの交尾に伴うコストを避けるために進化したと考える。この考えは古くから存在するものであり(Clonin 1991)，この場合，オスのディスプレイ形質は同種メスに対する種

---

[10] ただし，この例は，ソードテールのオスの長い尾鰭の進化が知覚バイアス説のみによって説明できることを必ずしも示しているわけではない。知覚バイアスはメス選好性の「起源／きっかけ」を提供するだけで，長い尾鰭のようなディスプレイ形質の過剰にも見える進化自体は，別の要因（例えば性的対立やランナウェイ過程）によって引き起こされているという可能性もある。

の識別のためのシグナルとして働いていると解釈できる。例えば，ある魚が近縁の他の種と同所的に存在するような状況を想定してみよう。このような場合，他の種のオスと間違って交尾してしまうメスは繁殖機会を失うなどのさまざまなコストを被る可能性がある。もし同種のオスが体表に赤い斑点を持っており，他種のオスはそのような斑点を持っていない場合，メスは赤い斑点を持つオスに対する選好性を強化することにより，他種との交尾に伴うコストをより効率的に回避することができるようになるかもしれない。ここで赤い斑点に対するメスの選好性が進化すると，オスにとっても数多くの赤い斑点を持つことでより多くのメスと交配できるようになるという利益が生じる。このような過程でメスの赤い斑点に対する選好性とオスの体表面上の赤い斑点の数が進化すると考えるのが，繁殖干渉回避説である（図 2-2 B）。

　この繁殖干渉回避説において最も本質的な要素は，メスは選好性を持つことにより「他種オスとの交尾に伴うコストを避ける」という点にある。ここで「他種」という制約を外してしまうと，繁殖干渉回避説は性的対立説と非常に近くなる。他種との交尾（繁殖干渉）に伴うコストは一般にオスよりもメスにおいてより大きいと考えられることから，繁殖干渉回避説によるメス選好性の進化が性的対立の文脈のなかで解釈される場合もある（Parker & Partridge 1998）。

　繁殖干渉回避説によるメスの選好性の進化は，種分化理論の文脈では近縁種同士が同所的に存在するときに種間交配を避ける方向に交配形質が進化する「繁殖形質置換」あるいは「強化」と呼ばれる現象に相当する[11]。実際に「同所的に存在する近縁種間での交尾のしやすさ」と「異所的に存在する近縁種間での交尾のしやすさ」を比較した解析からは，同所的に存在する近縁種間のほうが他種との交尾を行わない傾向があることが示されている（Coyne & Orr 1997）。これは他種との交尾によるコストを避ける方向にメスの選好性が実際に進化していることを示唆している。

---

11) 一般に「繁殖形質置換」は種間での交配後隔離がすでに完全に成立している場合に，「強化」は種間の交配後生殖隔離が不完全である場合に用いられる。

繁殖干渉回避説は古くから存在する直感的に分かりやすい考え方であり，実際に繁殖干渉回避のためにメスの選好性が何らかの影響を受けている例も多いと思われる。しかし，コストを伴うメスの選好性[12]が安定的に維持されるためには繁殖が干渉される程度の近縁他種との同所的共存が常に起きていることが必要となるため，メスの選好性の進化一般を説明する理論としての繁殖干渉回避説の重要性は相対的には小さいものと思われる[13]。

2-2-3 ランナウェイ説：「魅力」の自己増強バブル

ランナウェイ説は R.A. Fisher により最初にアイデアが示され (Fisher 1930)，その後 O'Donald (1962)，Lande (1981)，Kirkpatrick (1982) などによる理論的定式化が行われて以来，性淘汰における主要な理論であり続けている。ランナウェイ説では「魅力的なオスと交尾することにより，より多くのメスと交尾できる魅力的な息子が得られる」という利点により，メスの選好性が進化すると考える。例えば，ある魚のメスにオスの赤色の斑点に対する選好性がすでに何らかの理由により存在する集団を想定してみよう。このとき，より多くの赤色の斑点を持つオスはより多くのメスと交尾をすることができるため，オスの斑点の数は増加していくと考えられる。一方，より多くの赤い斑点を持つオスを配偶者として選り好むメスはより多くの赤色の斑点を持つ繁殖上有利な魅力的な息子を得ることができるため，メスの赤い斑点に対する選好性も増強されていくかもしれない。このようにメスの選好性とオスのディスプレイ形質が自己増強的に進化する過程（ランナウェイ過程）が起こることにより，オスの赤い斑点の数とそれに対するメスの選好性が進化すると考えるのがランナウェイ説である（図 2-2 C）。

ランナウェイ過程が生じるうえで最重要な要素は，オスのディスプレイ

---

[12] 選好性に伴うコストとしては，選り好みによる繁殖機会やエネルギーの損失や捕食リスクの増加などが挙げられる。

[13] とは言っても，少なくとも筆者の知るかぎりでは，メス選好性の進化一般の説明理論としての繁殖干渉回避説の重要性を体系的・本格的に検討した事例はないので，本当のところはよく分からない。

形質とメスの選好性の間の遺伝相関である（章末補遺 A）。ランナウェイ説においては，メスの選好性の進化は，メス自身の生存率や繁殖率が改善することにより起こるのではなく，魅力的なオスの繁殖上の有利さに伴う副産物として生じる。このように，ある形質が，遺伝相関のある他の形質における淘汰上の有利さによって進化することを間接淘汰と呼ぶ[14]。

ランナウェイ説によるメス選好性の進化と維持は，メスの選好性にコストが伴わない場合には容易に起こりやすい。一方，メスの選好性にコストが伴う場合には，「オスのディスプレイ形質に影響を与える突然変異の方向にメスの好みと逆向きに働くバイアスがある[15]」場合にのみメスの選好性が維持されることが，量的遺伝モデルにより示されている（Pomiankowski et al. 1991; 巌佐 1998; 章末補遺 A）。例えば，突然変異の方向が常にオスの魚の赤い斑点を壊すほうに偏っている場合には，その赤い斑点に関するメスの選好性は集団中に維持されうる。ここで注意する必要があるのは，Pomiankowski et al. (1991) のモデルはメスの形質が「維持される＝消失はしない」ことを理論的に説明するものの，ランナウェイ説によって維持される選好性の「程度」が現実の選好性の程度を量的に説明できることを必ずしも示しているわけではない点である。いくつかの研究において，ランナウェイ説で想定されているような間接淘汰の力は弱く，現実の選好性の程度は説明できない可能性が示唆されている（Kirkpatrick & Barton 1997）。

ランナウェイ説による進化が起きているのではないかと考えられている実際の例としては，グッピーに関する研究が有名である。グッピーにおいてはオス体表面のオレンジ色の面積に対するメスの選好性があることが知られている（Houde 1997）。さらに，魅力的なオスの生存率を調べたとこ

---

[14] 例えば，ある集団において体長に対して強い人為淘汰をかけていくと，集団の平均体長が増加していくと考えられるが，同時に体長と体重の相関により集団の平均体重も増加していくかもしれない。このとき，平均身長における進化は直接的淘汰によるものであり，身長に対する淘汰の結果として副次的に生じる平均体重における進化は間接淘汰によるものである。

[15] 突然変異バイアスと言う。一般に，精巧で華美なオスのディスプレイ形質については，それを維持する突然変異よりも壊す突然変異のほうが多いと考えるのはそれほど不自然ではないだろう。

ろ，面白いことに魅力的なオスほど生存率が低いことが発見されている（Brooks 2000）。このオスの派手さと生存率の負の相関は優良遺伝子説による進化を否定するものと解釈され，グッピーにおけるオス体表面のオレンジ色の面積に対するメスの選好性はランナウェイ説に従って進化したものであると示唆されている（Brooks 2000）[16]。

2-2-4 優良遺伝子説：ハンディキャップという形の「宣伝」

優良遺伝子説は Zahavi（Zahavi 1975, 1977; Zahavi & Zahavi 1997）によって最初の考えが示され，Hamilton & Zuk（1982），Andersson（1986），Pomiankowski（1987），Grafen（1990），Iwasa et al.（1991）などの研究を通してランナウェイ説と並ぶ主要な性淘汰理論としての位置を保ち続けている[17]。Zahavi のアイデアは，オス鳥の長い尾羽のような生存にとって見るからに邪魔なハンディキャップを持つことは，「そのようなハンディキャップを持っていても大丈夫なくらい自分には真の実力がある」ことを示すための，オスの潜在的な生存力の宣伝であるというものである[18]。

優良遺伝子説におけるメスの選好性の進化は次のように説明される。オスが赤い斑点を持つことにはコストがかかるため，遺伝的な質の高いオスのみが多くの赤い斑点を保持できる（赤い斑点はハンディキャップ形質である）。より多くの赤い斑点を持つオスを選り好むメスは，結果としてより遺伝的な質の高いオスを配偶者として選んでいることになり，遺伝的な質の高い子を得ることができる。優良遺伝子説では，このような遺伝的に質の高い子を得られるという利点により，メスの赤い斑点の数に対する選好

---

16) ただし，「オスの派手さと生存率の間の負の相関」は性的対立説や知覚バイアス説とも矛盾するものではなく，必ずしもこの負の相関がランナウェイ説を支持するものとは限らないことには留意が必要である。
17) 性的対立説が新たな性淘汰理論として定着しつつある現在においては，ランナウェイ説と優良遺伝子説はしばしば「古典的性淘汰理論」と呼ばれている。
18) この考え方は handicap principle と呼ばれ，優良遺伝子説はしばしばハンディキャップ説とも呼ばれる。よく中学生男子がテスト前に「おれ全然勉強してないよ」とアピールしておきながら良い点をとることで地頭の良さをアピールするような感じをイメージすると良いかもしれない。

性が進化すると考える（図 2-2 D）。

　優良遺伝子説による進化過程において最も本質的な要素は，メスの選好性と生存力（遺伝的質）の間の遺伝相関である（章末補遺 A）。優良遺伝子説では，メスの選好性の進化は主に生存力（遺伝的質）に対する淘汰圧の副産物（間接淘汰）として生じる。優良遺伝子説によりメスの選好性が進化するための条件としては，「オスのディスプレイ形質は生存力（遺伝的質）が高い場合にのみ十分な形で保持される」ことが必要であることが理論的に示されている[19]（Iwasa et al. 1991; 章末補遺 A）。

　優良遺伝子説による進化が起きているのではないかと考えられている実際の例としては，シュモクバエに関する研究が有名である。シュモクバエではオスの眼が眼柄と呼ばれる左右に伸びた枝の先端についており，メスはその眼柄の長いオスを配偶者として選り好むことが知られている。そこでオスをさまざまな栄養条件下で飼育したところ，餌条件が悪い場合には眼柄の長さを維持できるオスとそうでないオスがいることが示された（David et al. 2000）。これは眼柄の長さがハンディキャップ形質であることを示唆しており，シュモクバエの眼柄の進化に優良遺伝子説が関わっていることを示唆している[20]。

2-2-5　性的対立説：「抵抗」としての選り好み

　性的対立の概念自体は以前からある考え方であるが（例えば，Trivers 1972; Parker 1979），性的対立の概念を性淘汰理論と明確に結び付けた

---

[19] この条件は，シグナルの進化の観点からは「オスのディスプレイ形質がそのオスの遺伝的質の信頼できるシグナルである必要がある」ということを意味する。このような条件は例えば，優良な遺伝子を持っていないオスは，「十分な餌が得られない」，「免疫力が弱く感染の対象となりやすい」などの理由により十分に長い尾を発達・維持させることができず，優良な遺伝子を持っているオスのみが十分に長い尾を持つことができるような場合に成立する。このような場合，十分なディスプレイ形質を持つオスは必ず優良な遺伝子を持っているため，ディスプレイ形質が遺伝的質の信頼できるシグナルとして働きうる。

[20] ただし，オスのディスプレイ形質がハンディキャップ形質として働いていること自体は，優良遺伝子説がメスの選好性の進化の「主要因」であることの（必要条件ではあるが）十分条件であるとまでは言えないことに注意が必要である。

Holland & Rice (1998) の特筆すべき総説論文を契機として，性的対立説は有力な性淘汰理論の1つとして急速に受け入れられてきた。Holland & Rice (1998) が示したアイデアは，メスの選好性はオスとの交尾に対する「抵抗性 (Box 2-1 も参照)」として働いており，その「抵抗」を乗り越えようとするオスとの間の進化的軍拡競争により，メスの「選好性＝抵抗性」とオスの「ディスプレイ形質＝誘惑形質」が共進化するというものである。このアイデアは，後に Gavrilets (2000) を初めとする理論的研究により定式化され，性淘汰理論としての明確な位置づけがなされてきている (Gavrilets et al. 2001; Gavrilets & Waxman 2002; Rowe et al. 2003, 2005; Gavrilets & Hayashi 2005, 2006; Hayashi et al. 2007a, b; 章末補遺 B)。

　性的対立説におけるメスの選好性の進化は，例えば次のように説明される。まず，最適な交尾回数をめぐる性的対立が存在し，多すぎる交尾回数はメス自身の生存率や産子数などを低下させることによりメスの適応度を低下させるような場合を想定しよう。このとき，メスは交尾回数を減らすことにより適応度を上げることができる。ここでもしオスの体表面にある赤い斑点の数に集団内多型がある場合には，多くの赤い斑点を持つオスのみを配偶者として選り好むことにより，メスは効率的に交尾回数を減らすことができるかもしれない。性的対立説では，このような交尾回数を減らすことの利点により赤い斑点に対するメスの選好性が進化すると考える。ここで，さらにオスがメスの選り好みの進化に対抗してより多くの斑点を持つように進化し，その対抗進化としてメスがまた選り好みを強くするような拮抗的な共進化が起こると，性的対立によりオスの極端なディスプレイ形質とメスの強い選好性が進化することになる (図 2-2 E)。

　1990 年代後半から，性的対立が重要な進化的動力として働いていることを示唆する数多くの事例が明らかになってきている (Arnqvist & Rowe 2005；本書の他の章参照)。例えば，アメンボ類における交尾の際のしがみつき行動のためのオスの形態と，オスのしがみつきに抵抗するためのメスの形態において，雌雄間で強い軍拡競争が生じていることが示されている (Arnqvist & Rowe 2002)。性的対立による進化が示唆されている場合の

> **Box 2-1 「メスの選好性」の用法**
>
> 「メスの選好性」という用語が用いられるときに一般に念頭におかれているのは，メスが配偶者をオスのディスプレイ形質などを基準に「選り好む」ような場合である。例えば，オスの尾羽の長さを基にメスがより長い尾羽を持つオスを配偶相手として選り好むような場合が挙げられる。しかし，広い意味での性淘汰の枠組みのなかに含まれる話としては，メスが交尾後の過程においてオスの「精子を選ぶ」場合［交尾後のメスによる隠れた選択 (cryptic female choice)］や，メスが交尾に「抵抗」していると捉えられる場合（性的対立の場合）などもある。このような場合においても「メスの選好性」という用語を用いることは適切なのだろうか？
>
> 結論から言うと，理論的観点からは「メスの選好性」と「メスの抵抗性」は同じ現象を違う言葉で表しているだけであり，あまり区別せずに用いても基本的には問題はない。また，交尾後の選好性に関しては，メスの選好性を「メスの卵子および接合過程に関わる器官の形質」，オスのディスプレイ形質を「オスの精子およびその付随物質（精液など）の形質」と読み替えることで，交尾前の選好性に対するものと同型の議論が（基本的には）そのまま適用可能である[21]。
>
> 性的対立や隠れた選択のようなケースも包含するような形で「メスの選好性」および「オスのディスプレイ形質」をより厳密に定義するならば，「メスの選好性」は「何らかのオスの形質に基づいて，卵の接合確率における（集団内での接合子プールからのランダムサンプリングにより予測される）ランダム接合からの偏りを生み出すメスの形質」として定義することができる。また，「オスのディスプレイ形質」は「メスの卵の接合確率における偏りを生み出す原因となるオスの形質」として定義できる。

---

21) ただし，実際に交尾の際の性淘汰を念頭において作成された理論モデルが，交尾後性淘汰のモデルとしてどこまで有効なのかについては多少疑念が残るかもしれない。例えば，交尾の際の性淘汰モデルにおいては量的遺伝モデルが用いられることが多いが，交尾後の性淘汰に関わる形質が量的遺伝の仮定に必ずしも合っているとは限らないだろう。例えば，交尾後の接合過程に関わる形質の多くは「尾羽の長さ」のように一次元的な数量表現で表すことがそもそも難しいかもしれない。

多くは性的対立との関連性が比較的明白と思われる繁殖形質（例えば上記の例のしがみつき行動に関わる形態など）を扱ったものが多く，性的対立説が鳥や魚の鮮やかな色彩や装飾などのオスのディスプレイ形質とそれに対するメスの選好性の進化一般についてどこまで説明できるのかは，実証的にはいまだ明確ではない部分が多く残っている。

2-2-6　直接利益説：「今・ここ」での利益をもたらす選り好み

　直接利益説は，メスが選好性を持つこと自体がそのメス自身の生存率や繁殖力を高めるために，メスの選好性が進化したという考え方である（図2-2 F）。例えば，単純に，メスは生息環境のなかで目立つ赤い斑点を持つオスと好んで交尾することにより，オスを探すための労力を節約でき，メス自身の生存率や繁殖力を高めることができるかもしれない（例えば，Reynolds & Gross 1990; Westcott 1994）。また，婚姻贈呈（nuptial gift）や子育てなど，オスがメスに直接的に資源を供給する場合にも，より良い資源を提供するオスを選り好むことがメス自身の利益になると考えられる。また，魅力的なオスと交尾するほうが交尾時に感染症にかかる可能性が低い場合なども，選り好みがメス自身の利益につながる場合の1つと考えられる。

　理論的な大枠から眺めると，直接利益説と性的対立説はオスとの交尾に伴う利得の符号が異なるだけで，その進化過程については基本的に同型のものとして理解することができる（章末補遺A）。また，例えば一般に大きな婚姻贈呈を生産することや子育てのための労力を提供することは，オスにとってはコストとなるがメスにとっては利益となることを考えると，このような「直接的利益」のやりとりの進化は性的対立説の枠組みのなかで理解したほうが生産的な場合も多い。実際に，オスが婚姻贈呈を偽装したり（例えば，Cumming 1994; Sadowski et al. 1999; Preston-Mafham 1999），婚姻贈呈の中に毒を忍ばせるなど（Arnqvist & Nilsson 2000），婚姻贈呈をめぐってはその量と質をめぐる性的対立が普遍的に存在することが示唆されている。

2-3 それぞれの性淘汰理論の違いを整理する

本節では各性淘汰理論の「違い」の詳細について解説する。

2-3-1 種内での雌雄間相互作用に起因するか

ランナウェイ説・優良遺伝子説・性的対立説・直接利益説では種内でのオスとメスの間の相互作用に起因してメスの選好性が進化すると考える。一方、知覚バイアス説・繁殖干渉説では、種内での雌雄間相互作用によらずにメスの選好性が進化するという違いがある（図2-1）。

この違いは、メスの選好性とオスのディスプレイ形質の間の共進化の起こりやすさに大きな影響を与えるかもしれない。一般に、同種内での相互作用によりメスの選好性とオスのディスプレイ形質の共進化が起こる場合には、その進化過程において何らかの形で「メスの選好性がオスのディスプレイ形質の進化を促進し、さらにそのオスのディスプレイ形質の進化がまたメスの選好性の進化を促進する」という正のフィードバックが形成されやすい（図2-2 C〜F）。一方、知覚バイアス説においては、オスのディスプレイ形質の進化がメスの選好性の進化をさらに促進させるような正のフィードバックは存在しない（図2-2 A）。また、繁殖干渉説においても、別種のオスに対するメスの抵抗性（同種のオスに対する選好性）が進化した場合、別種のオスにとっては、それらの別種のメスの抵抗性に対する対抗適応を進化させることから得られる利益は比較的乏しい。そのため、性的対立説とは異なり軍拡競争による正のフィードバック過程はやはり発生しにくいと考えられる（図2-2 B）。このように、知覚バイアス説や繁殖干渉説ではメスの選好性とオスのディスプレイ形質の共進化における正のフィードバックは起こりにくい。そのため、知覚バイアス説や繁殖干渉説だけでは非常に誇張された（exaggerated）オスのディスプレイ形質とそれに対するメスの選好性の進化を説明するのは相対的に難しいかもしれない。

2-3-2 直接淘汰か間接淘汰か

性的対立説では，メスの配偶者選好性が直接淘汰により進化する（配偶者選好性自体のもたらす適応度上の差異により進化する）のに対し，古典的性淘汰説（ランナウェイ説・優良遺伝子説）では間接淘汰により進化する（配偶者選好性と遺伝相関のある別の形質のもたらす適応度上の差異により進化する。図 2-1, 図 2-2；章末補遺 A）。この違いが，性的対立説と古典的性淘汰説の最も本質的な違いである。具体的には，性的対立説では，メスの配偶者選好性はメス自身の生存率・産子数の低下などの繁殖に関わるコストを避けるというメス自身にとっての直接的な利得により進化する。一方，ランナウェイ説や優良遺伝子説では，メスが配偶者選好性を持つことの利益は，子の交尾数や生存率の上昇を通して間接的に得られると考えている。

一般に，間接淘汰によりメスの配偶者淘汰が進化・維持されるためには，「メスの選好性」と「子の魅力や生存力などの適応度上の差異をもたらす形質」との間の遺伝相関が大きく，またメスの選好性に伴うコストが小さいことが必要条件となる（章末補遺 A）。しかしながら，いくつかの研究からは，現実的な条件下において観察されている遺伝相関は十分には大きくなく，またメスの選好性に伴うコストも間接淘汰による進化が生じるためには大きすぎることが示唆されている（Kirkpatrick & Barton 1997; Arn-

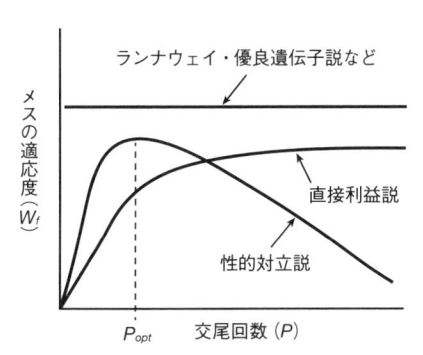

図 2-3　各性淘汰理論における交尾回数とメスの適応度の関係

qvist & Kirkpatrick 2005; Box 2-2)。性的対立説がメスの選好性の進化を説明する理論として重要視されてきている理由の1つとしては，性的対立は間接淘汰ではなく直接淘汰による進化を想定しているため，より制約の少ない条件下においても選好性の進化が起こりうるという理論上のハードルの低さがある (Arnqvist & Rowe 2005 の第2章; Fuller et al. 2005)[22]。

2-3-3 交尾自体が直接的なコストや利益を伴うか

ランナウェイ説・優良遺伝子説・知覚バイアス説では一般に，交尾自体に伴うコストは進化的動力として考慮されていない[23]。例えば，それらの説ではメスの適応度は交尾回数には依存しないと考えられている（例えば，Lande 1981; Iwasa et al. 1991; Pomiankowski et al. 1991)。一方，性的対立説では，交尾に伴うメスの生存率や産子数の低下などのコストが考慮されている（章末補遺B; 図2-3）。また，繁殖干渉回避説では他種オスとの交尾に伴うコストが考慮されており，直接利益説ではメスは交尾により何らかの直接的な利益（婚姻贈呈の提供など）を得ていると考える。これらの性的対立説・繁殖干渉回避説・直接利益説では，交尾自体に伴う直接的なコストや利益が主要な進化的動力をもたらすと考えている。近年の多数回交尾や性的対立の研究からは，多数回交尾を行うことには直接的なコストや利益がしばしば伴い，メスの適応度は交尾回数に依存して実際に変化しうることが示唆されている (Jennions & Petrie 1997; Yasui 1998; Arnqvist & Nilsson 2000; Arnqvist & Rowe 2005; 本書の他の章)。このことも，近年において性的対立説が重要視されていることの主要因の1つである。

---

[22] 非常に雑な例え方をすると，性的対立説におけるメス選好性の利益は「現金値引き」的にもたらされるのに対し，ランナウェイ説・優良遺伝子説におけるそれは「ポイント還元」的にもたらされる，とイメージできるかもしれない。性的対立説における選好性を持つことの利益は直接的かつシンプルな形で選好性を持つメス自身にもたらされる。一方，ランナウェイ説・優良遺伝子説における選好性の利益は未来の時点における利益（子の適応度上の有利さ）として迂回した形でしか還元されない。そのため，迂回する分だけ利益を回収する際の不確実性および潜在的なロスが不可避的に生じてしまう。

[23]「選好性」に伴うコストと「交尾」に伴うコストを混同しないように注意が必要である。これらの理論においてもメスの選好性に伴うコストは一般に考慮されている。

2-3-4 交尾相手の「質」と「量」のどちらに依存するか

　ランナウェイ説・優良遺伝子説・繁殖干渉説では，交尾がメスの適応度に与える影響（直接または間接的利益）は交尾相手の「質」に依存する。例えば，優良遺伝子説ではディスプレイの発達したオスと交尾したメスのほうが，ディスプレイの発達していないオスと交尾したメスよりも適応度が高くなる。一方，性的対立説では，交尾がメスの適応度に与える影響（交尾に伴う直接的コスト）は，交尾相手の「質」よりも「量」に依存する（メスの適応度に与える影響はどのオスと交尾しても同じ）と仮定されていることが多い（例えば，図 2-3）。この違いは，例えばメスの選好性の進化だけに着目した場合に，性的対立説においては集団中におけるオスのディスプレイ形質のばらつきが遺伝的要因によらず全て環境要因による（相加的遺伝分散がない）場合においてもメスの選好性が進化しうることを意味している。一方，ランナウェイ説・優良遺伝子説・繁殖干渉説においてはそのような場合にはメスの選好性は進化できない。

2-3-5 モデルから予測される進化動態の違い

　それぞれの性淘汰理論のモデルから予測される進化動態には，いくつかの特徴の違いが見られる（Mead & Arnold 2004）。以下，やや煩雑かつ抽象的な議論となるかもしれないが，各性淘汰理論のモデルから予測されている進化動態の特徴の違いについて整理する。

メスの選好性の進化的安定性

　メスの選好性の進化が起こった場合に，その集団内での維持されやすさは各性淘汰理論によって異なる。例えば，知覚バイアス説におけるメスの選好性の進化は，その知覚バイアスの原因となった環境や発生学的制約が大きく変化しないかぎり，非常に安定的に維持されうると考えられる。また，繁殖干渉説においては，メスの選好性は繁殖が干渉される近縁種が同所的に存在するかぎりにおいては維持されるだろう。逆に言うと，近縁種が存在しなくなると選好性は（選好性が何らかのコストを伴うかぎり）消失

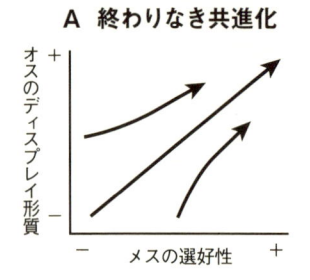

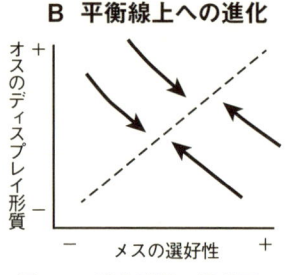

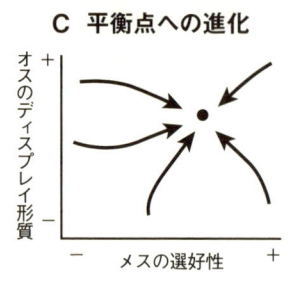

図 2-4 進化動態の模式図

　A　終わりなき共進化　　B　平衡線上への進化　　C　平衡点への進化
（縦軸：オスのディスプレイ形質、横軸：メスの選好性）

するものと予想される。

　一方，ランナウェイ説においては，オスのディスプレイ形質にもメスの選好性にもコストが伴わない場合には，メスの選好性とオスのディスプレイ形質は果てのない共進化（図2-4 A）になるか，進化的平衡線上への進化をもたらすと予測されている（図2-4 B; Lande 1981）。オスのディスプレイ形質にのみコストが存在する場合には，安定的な進化的平衡点への進化が起こる（図2-4 C; Iwasa et al. 1991; 章末補遺A）。また，オスのディスプレイ形質とメスの選好の両方にコストが伴う場合には，安定的な配偶者選好性の維持は突然変異バイアスが存在する場合にのみ起こり（Iwasa et al. 1991; 章末補遺A），メスの選好性へのコストのかかり方によっては，メスの選好性の発展と消失が周期的に繰り返されることが予測されている（Iwasa & Pomiankowski 1995）。優良遺伝子説においては，オスのディスプレイ形質とメスの選好性にコストが存在する場合でも，周期的な進化は起こらず，進化的安定平衡点への進化が起こりやすいことが理論的に示されている（Iwasa et al. 1991）。

　性的対立説においては，オスのディスプレイ形質にもメスの選好性にもコストがかからない場合には，ランナウェイ説と同様に，果てのない共進化か進化的平衡線上への進化が起きることが示されている（Gavrilets 2000; 章末補遺B）。また，それらの形質にコストが存在する場合には，進化的安定平衡点への進化や周期的な進化が起こりうることが予測されている

(Gavrilets et al. 2001; Hayashi et al. 2007a; 章末補遺 B)。

　もっとも，上記の進化的安定性の議論はパラメータが定常である場合に達成される平衡状態に関する議論である点に注意が必要である。実際の野外集団における進化動態に対して，パラメータが定常であることを前提としたモデルの予測を当てはめることがどれほど妥当なのかについては，あまり意識されることのない問題ではあるが，留意して考えてみる必要があるだろう。例えば，環境パラメータが周期的に変動するような状況においては，優良遺伝子説による進化であっても選好性の周期的な発展と消失が観察されうるだろう。

複数のオスのディスプレイ形質およびメス選好性の進化

　実際の配偶者選びの過程においては，メスがオスの複数のディスプレイ形質を基準として用いて配偶者を選んでいると考えられる場合も少なくない。一般に，複数の配偶者選択形質（複数のオスのディスプレイ形質およびそれらに対するメスの選好性）が進化するかどうかは，新たな配偶者選択形質を持つことによる追加コストの度合いに依存する（Iwasa & Pomiankowski 1995）。複数の配偶者選択形質を持つことによる追加コストの度合いが少ない場合には，ランナウェイ説（Pomiankowski & Iwasa 1993），優良遺伝子説（Iwasa & Pomiankowski 1994），性的対立説（Hayashi et al. 2007a）の全てで複数のディスプレイ形質とメスの選好性が進化できる。複数の配偶者選択形質を持つことによる追加コストが大きい場合においても，ランナウェイ説と性的対立説では複数の配偶者選択形質が比較的容易に進化しうる。

　一方，優良遺伝子説では1つの優先したディスプレイ形質のみが進化して，他の形質の進化が完全に抑えられることが予測されている（Iwasa & Pomiankowski 1994）。これは優良遺伝子説においては，ディスプレイ形質がオスの遺伝的質を示す「正直なシグナル」として機能していることによる制約に基づくものである。なお，優良遺伝子説で1つの優先したディスプレイ形質が進化している場合においても，ランナウェイ説による相対的に弱い配偶者選好形質の進化が同時に維持されうることも示されている

(Iwasa & Pomiankowski 1994)。

種分化へのつながりやすさ

性淘汰は繁殖形質における急激な進化を生み出しうるため，その結果として，集団間の急激な繁殖隔離（種分化）を引き起こす可能性が示唆されている (Gavrilets 2004; Gavrilets & Hayashi 2005)。異所的種分化[24]の場合においては，各性淘汰理論による進化が引き起こす種分化過程にはあまり質的な違いはない。どの性淘汰説においても，異所的種分化については独立に生じた進化の副産物として繁殖隔離が生じるという点において同様であり，それぞれの説による異所的種分化の起こりやすさは基本的にそれぞれの説による進化の起こりやすさに依存するものと考えられる。ただし，ランナウェイ説や性的対立説では配偶者選択形質の任意性が比較的高いため，異なる集団で異なるディスプレイ形質が発達する余地が高いかもしれない。また，繁殖干渉説による進化は特に種の識別に関わる形質における進化が期待されるので，種間の交配前繁殖隔離を強化しやすいと考えられる。

同所的種分化[25]については，知覚バイアス説・優良遺伝子説では集団内でのディスプレイ形質および選好性の分化を引き起こすメカニズムが基本的に存在しないことから，同所的種分化につながるとは考えにくい。一方，繁殖干渉説を広い意味で捉えた場合には，種内において生態的に適応分化した系統間での繁殖干渉を避けるために，オスのディスプレイ形質およびメスの選好性が集団内で分化して同所的種分化が起こるということはありうるだろう。このような生態的分化を伴う形での同所的種分化が性淘汰のみでの同所的種分化よりも起こりやすいことはよく知られている (Gavrilets 2004)。

性淘汰のみの力で同所的種分化が比較的起こりやすいと考えられるのは，性的対立説（例えば，Gavrilets & Waxman 2002）とランナウェイ説（例

---

24) 地理的に分断された（移住による遺伝子流がない）異所的に存在する系統間において種分化が起こること。
25) 地理的に分断されていない同所的に存在する系統間において種分化が起こること。

えば，Higashi et al. 1999）である．性的対立説とランナウェイ説を比較した場合には，ランナウェイ説よりも性的対立説のほうが集団内での遺伝的多様化を引き起こしやすいが，その一方で，性的対立説よりもランナウェイ説のほうが集団内での遺伝的多様化が結果的に同所的種分化につながりやすいと考えられる（詳細については林 2009 を参照のこと）．一般論としては，どの性淘汰理論にとっても，性淘汰の力のみで同所的種分化が起き，かつ分化した両系統がそのまま持続するような条件は限られたものである（Gavrilets 2004; Hayashi et al. 2007a）．

2-4　検討：どの性淘汰理論が最も「正しい」のか

2-4-1　それぞれの理論は排他的ではない：「群像劇」という視点

　今までそれぞれの性淘汰理論の内容と違いについて解説してきたが，現実に起きている進化においてどの性淘汰理論に基づく進化過程が主要な役割を果たしているのかを見極めるのは非常に難しい．その原因の 1 つとしては，現実のオスのディスプレイ形質およびメスの選好性の進化過程においては，複数の要因が同時にあるいは入れ替わり立ち替わり働きうることが挙げられる．例えば，次のような進化過程の例が考えられる．

　(起)　赤い餌を主食とするため，もともと種内に赤い色に対する知覚バイアスが存在する．そのとき，たまたま赤い斑点を持つオスが集団中に出現し，あらかじめ存在した知覚バイアスのおかげで配偶相手としてメスに選ばれやすいためにオスの赤い斑点の数が増加する．【知覚バイアスを起源としたメスの選好性とオスのディスプレイ形質の進化】

　(承)　メスの赤い斑点の数に基づく選り好みが進化したことの副産物として，メスは選り好みを行うことにより総交尾数を効率的に減らすことができ，多すぎる交尾により生じる適応度コストを避けることができるようになる．この利点によりメスの選好性がさらに進化する．またオスは交尾を避けられないように赤い斑点の数を増やす方向にさらに進化する．【性的対立説による軍拡競争】

Box 2-2 つがい外交尾は優良遺伝子説で説明できるか？

　オスによる交尾の要求（または強要）とそれに対するメスの抵抗性の進化は，一般的には性的対立説によって説明される。一方，そのようなメスの抵抗性は，「メスの抵抗性を乗り越えてくることのできる能力の高いオスをスクリーニングするため」のものであり，優良遺伝子説やランナウェイ説で説明することができるという考え方もある。確かに，メスの抵抗性を乗り越えることのできるオスの能力を一種の「魅力」として解釈すれば，一見交尾の要求への「抵抗」に見える現象も，メスが息子の魅力や遺伝子の質から利益を得るための「選り好み」の現れであると見なすことは可能である。そのような「抵抗性／選好性」の進化において「性的対立」と「古典的性淘汰説（優良遺伝子説・ランナウェイ説）」のどちらが主要な役割を果たしているのかは，それぞれの進化的力（直接淘汰・間接淘汰）の強さを定量的に比較することで明らかにすることができる。以下では，鳥類のつがい外交尾についてそのような比較を行った研究例を紹介する。

　鳥類のつがい外交尾の存在は，一般的に古典的性淘汰説（優良遺伝子説・ランナウェイ説）により説明されてきた（例えば，Griffith et al. 2002; Westneat et al. 2003）。その傍証として，魅力的なオスとのつがい外交尾によって生まれた子の質や生存率が高いなどの研究結果が示されることもある。しかしながら，たとえメスがつがい外交尾から間接淘汰を介した適応度上の利益を得ていたとしても，実はつがい外交尾自体を進化させた主要因は直接淘汰によるものであり，間接淘汰を介した利益は単なる副産物であるという可能性もある。例えば，メスの選好性が性的対立により進化したものであっても，遺伝的質の高いオスのみが十分なディスプレイを発達させることができるという制約があるかぎり，魅力的なオスとのつがい外交尾によって生まれた子の質や生存率は多かれ少なかれ高いことが観察されるだろう。ここで本当に重要となるのは，その生まれた子の質や生存率はメスの選好性の進化を説明できる程度に高いのかどうか？という問いである。

(Box 2-2 続き)

　Arnqvist & Kirkpatrik (2005) は社会的一夫一妻のスズメ目の鳥 (socially monogamous passerines) を対象に行われたつがい外交尾に関する一連の研究の結果について解析を行い，メスのつがい外交尾行動（魅力的な非パートナーオスに対する選好性）に関わる間接淘汰と直接淘汰の強さの定量化を行った。その結果，優良遺伝子説（子の生存率などの上昇）による適応度変化の大きさを示す間接淘汰勾配は 0.015（95％信頼区間は − 0.064 〜 0.094）であったのに対し，パートナーオスの育児努力量低下による適応度変化の大きさを示す直接淘汰勾配は − 0.14（95％信頼区間は − 0.25 〜 − 0.04）程度であった（正の値は適応度の上昇を，負の値は適応度の低下を表す）。これは，メスにとってつがい外交尾行動（魅力的な非パートナーオスに対する選好性）のコストは子の優良遺伝子からの利益よりも文字どおり桁違いに大きいことを示しており，明らかにメスにとってつがい外交尾は割に合わない非適応的な行動であることを示唆している[26]。

　この結果はどう解釈できるだろうか？　Arnqvist & Kirkpatrik (2005) はこの結果から「メスのつがい外交尾はメスにとって非適応的なものであり，つがい外交尾はオスとの軍拡競争に負けた結果起きているものである」と結論づけている。つまり，メスのつがい外交尾行動は性的対立に起因するものであり，オスの誘惑に対しての対抗進化としてのメスの抵抗性が何らかの状況により十分に進化していないことによるものだ（卑近な言い方をすれば，「つがい外交尾をするメスは魅力的なオスに単に食い物にされているにすぎない」），という解釈である[27]。

---

26) ただし，Arnqvist & Kirkpatrick (2005) では間接淘汰の利益としてランナウェイ説による利益（魅力的な息子を得ることによる利益）をカウントしていないということには留意が必要である。

27) 「対抗進化が十分に起こらない」などということがありうるのだろうか，という素朴な疑問に対して Arnqvist & Kirkpatrick (2005) は以下のように答えている。"For those who believe that females should be free to reach their optimal reproductive strategy unconstrained by genes expressed in other individuals (males in this case), the evolutionary success of nest parasites such as cowbirds and cuckoos illustrates the fact that very costly reproductive exploitation can indeed be persistent."

(Box 2-2 続き)

　このArnqvist & Kirkpatrik (2005) の解釈の普遍的な妥当性についてはまだ今後のさらなる研究が必要である。一方で，この研究は「どの性淘汰理論に基づく進化的要因が重要であるか」を見極めるためには，「魅力的なオスとそうでないオスの子の質に差がある／ない」のような定性的議論ではなく，直接淘汰と間接淘汰の効果の大きさがそれぞれどの程度のものかを比較できる定量的なアプローチが必要であることを明確に示している。

　（転）　さらに，赤い斑点を持つ魅力的なオスと交尾することにより「魅力的な息子」が得られるという利点からメスの選好性の進化が加速し，それがオスの赤い斑点の数とそれに対するメスの選好性の間の共進化を生み出す。【ランナウェイ説による進化】

　（結）　やがて，オスの赤い斑点の数が多くなってくると，赤い斑点を持つことにかかるエネルギーコストから集団中でのオスの赤い斑点の数が平衡値に達する。ここで，大きなエネルギーコストを伴う多くの赤い斑点を維持しうるのは遺伝的質の高いオスのみとなり，より多くの赤い斑点を持つことがオスの生存力の指標となる。メスはより多くの赤い斑点を持つオスと交尾することにより生存力の高い子を得ることができるため，メスの選好性がまた進化・維持される。【優良遺伝子説による進化】

　以上の例は，各性淘汰理論が排他的にではなく，1つの配偶者選択形質の進化過程において原理的には共同的に働きうることを示している。この例では時間的には異なる進化要因が働くとしたが，それらの要因が時間的に同時に働く場合も原理的には同様に想定できる。一般に，知覚上のバイアスが存在するかぎり知覚バイアス説による配偶者選好形質の進化はある程度起こると考えられ，交尾をめぐる性的対立が存在するかぎり性的対立による配偶者選好形質の進化はある程度起こると考えられ，メスの選好性とオスのディスプレイ形質の間に遺伝相関が存在するかぎりランナウェイ

説による配偶者選好形質の進化はある程度起こると考えられ，遺伝的質の高いオスのみがディスプレイ形質を十分に発達させられるという制約があるかぎり優良遺伝子説による配偶者選好形質の進化はある程度起こると考えられる．つまり，1つの配偶者選択形質の進化過程において「複数の異なる理論から示唆される進化過程が同時にあるいは入れ替わり立ち替わり現れうる」と考えるのは，むしろ理論的にはある程度自然な見方といってもよい．

以上の見方を演劇に例えると，「配偶者選好形質の進化過程」という名の劇は，異なる理論から示唆される多様な進化過程が同時にあるいは入れ替わり立ち替わり登場する「群像劇」である，という言い方ができるかもしれない．この視点における重要な示唆の1つは，それぞれの理論は排他的ではないため「ある性淘汰理論が関わっていることを示すことで他の理論が関わっていないことを示すことはできない」ということである[28]．

2-4-2　主役は誰なのか：有／無の議論から定量的議論へ

各性淘汰理論が排他的でないことは，しかしながら，それぞれの理論自体を別個なものとして認識したうえで進化過程を理解することの意義を減ずるものではない．我々は配偶者選好形質の進化過程は多かれ少なかれ「群像劇」であるだろうという基本的な認識の下で，ではその進化過程において「じゃあ，その主役は誰なの？」と再び問うことができるだろう．そのような問いに答えるためには，「ある性淘汰理論に基づく進化過程が働いているのか／いないのか？」という有／無を問う研究から，「それぞれの性淘汰理論に基づく進化過程がどの程度働いているのか」を問う定量的な研究へと歩を進めていく必要があるだろう．そのような研究の1つの象徴的な例として，「つがい外交尾の存在は優良遺伝子説で説明できるのか？」を問うた Arnqvist & Kirkpatrik (2005) の研究について Box 2-2 で紹介した．

[28) このような論点は近年 Hanna Kokko らによって特に強調されている (Kokko 2001; Kokko et al. 2003)．

2-5 結びに

　本章では，6つの性淘汰理論の内容と違いについて解説を行い，また各理論から示唆される進化過程が非排他的に働きうることを説明した。本章を通して，ひとくちに「性淘汰による進化」といっても「その進化の背景には (少なくとも6つの) 異なる理論的メカニズムが存在しうる」ことと，「異なる理論から示唆される進化的力は同時にあるいは入れ替わり立ち替わりに働きうる」ことの両者を理解していただけたら幸いである。

　「オスのクジャクの羽のような生存にとって明らかに不利に見える派手な形質がなぜ進化しうるのだろうか？」という問いは，進化学において最も主要な問いの1つである。本章で見てきたとおり，それらの答えとしてはすでにいくつかの考え方／性淘汰理論が提唱されている。しかし，不幸なことに (あるいは，現役あるいは未来の研究者にとっては幸運なことに)，「どの考え方／性淘汰理論が最も普遍的であるのか」という問いについてはまだ決着がついていない (Box 2-3)。本章がこれからその難問へとチャレンジする研究者にとっての1つの海図となれば幸いである。

Box 2-3 Still mysterious：クジャクの羽はなぜ美しい？

「オスのクジャクの羽はなぜ美しい？」という問いは多くの場合，古典的性淘汰理論によって回答されてきた。しかしながら，近年，古典的性淘汰理論とは矛盾する研究結果が発表されてきている (Takahashi et al. 2008; Dakin & Montgomerie 2011)。Takahashi et al. (2008) は，伊豆シャボテン公園における7年間の観察から，クジャクのオスの交尾回数とその羽の派手さ（目玉模様の数など）の間には相関が無いことを示した。また，その後の研究により，オスが配偶者として選ばれるかどうかは，オスの鳴き声の頻度と相関することが分かっているようである（長谷川 2005）。これらの結果は，少なくとも上記のクジャク集団では，「派手な羽を持つ」ことによる利益を，オス側もメス側も全く得ていないことを意味している。また，鳴き声がメスに選ばれる形質として機能しており，オスの「派手な羽」が優良な遺伝子を持つことのシグナルとして進化しにくい条件となっている。

この研究結果について，いくつかの説明を考えることができるだろう。そもそもインドにおけるもともとの野生集団と伊豆シャボテン公園の集団では条件が違いすぎて，研究自体に限界があるかもしれない（例えば Dakin & Montgomerie 2011）。あるいは，「派手な羽」は優良遺伝子説やランナウェイ説で示される過程で進化したが，もう本当に「シグナルとしては機能していない」，あるいは「流行遅れ」の過去の遺物として存在しているだけなのかもしれない。はたまた，メスは交尾回数を減らせれば何でもよくて，たまたま過去に「より派手な羽」のオスを選り好んでいただけなのかもしれない。現時点で言える1つだけ確かなことは，クジャクのオスたちの「派手な羽」は — メスたちにとっては本当はどうか分からないけれども — ダーウィンの昔から現在まで，進化生態学者たちをひどく魅了し続けているということである。

補遺A 量的遺伝モデルによる各性淘汰理論の解説

補遺Aでは，量的遺伝モデルの枠組みを用いてそれぞれの性淘汰理論について解説する。まず前半では量的遺伝モデルについての一般的な解説を行い，後半において量的遺伝モデルを用いた性淘汰理論を解説する。量的遺伝モデルについて知識がすでにある読者は，前半については読み飛ばしていただいてもかまわない。

A-1 量的遺伝モデルについての一般的な解説

量的遺伝モデルとは量的形質の進化に対するモデルである。量的形質とは，その集団内での形質の分布が連続的な分布となる形質のことを指す。計量可能な形質の多くが量的形質であると考えられ，配偶者選択に関わる尾の長さなどのディスプレイ形質も量的形質と見なすことができる。一般に，量的形質はそれぞれは小さな効果を持つ多数の遺伝子（ポリジーン，polygene）により支配されており，それらの遺伝子効果と環境効果が組み合わさることにより個体の形質の値が決まると考えられている。量的遺伝モデルは，それらの量的形質の集団内でのばらつきを「多数の要因の確率的な総和の結果」として生じる連続的なばらつきとして取り扱うことより形質の進化過程についてシンプルなモデル化を行っている。以下，本節では具体的なイメージをつかむため量的形質として身長 h の進化を仮想例とし，量的遺伝モデルの一般的な解説を行う。

身長 h の量的遺伝モデルによる進化は以下の基本式で表すことができる。

$$\Delta \bar{h} = \frac{1}{W}\beta_h V_h \tag{2-1}$$

ここで $\Delta \bar{h}$ は1世代の間の平均身長 $\bar{h}$ の変化量を表し，V_h は身長における遺伝的ばらつきを表す相加的遺伝分散[29]，β_h は身長と適応度の間の関係を

---

[29] 集団内での表現型値のばらつきのうち，遺伝子の相加的な効果に起因するもの。

表す身長の適応度に対する回帰係数[30]，$\overline{W}$ は集団内での平均適応度を表す。例えば，全ての値が cm の単位で表されているとすると，$V_h = 0.5$，$β_h = 0.05$，$\overline{W} ≒ 1$ の場合には1世代の間で平均身長 $\overline{h}$ が 0.025 cm 増加するということになる。式 (2-1) の意味をより具体的なイメージとして捉えることを目的に，以下に式 (2-1) の導出例を示す[31]。量的遺伝モデル自体にはあまり興味のない読者は，以下の導出の部分については読み飛ばしていただいてもかまわない。

量的遺伝モデルは，基本的に形質の集団内平均値の動態に注目する。N 個体からなる集団における平均身長 $\overline{h}$ は以下のように定義できる。

$$\overline{h} = \frac{1}{N} \sum_{i=1}^{N} h_i \tag{2-2}$$

ここで h_i は個体 i の身長である。ここで個体 i の残す子の数 (絶対適応度) を W_i とすると，個体 i の子の平均身長は以下の式で表すことができる。

$$\frac{\sum_{j=1}^{W_i} (h_i + δ_{i,j})}{W_i} \tag{2-3}$$

ここで $δ_{i,j}$ は個体 i 自身の身長 h_i とその j 番目の子の身長との差を表す。つまり，分子は個体 i の子の身長の総和を，分母は個体 i の子の総数である。ここで，次世代の集団 (子世代) の平均身長 $\overline{h}'$ は，集団内の全ての子の身長の総和を次世代の子の総数で割ったものであるから

$$\overline{h}' = \frac{\sum_{i=1}^{N} \sum_{j=1}^{W_i} (h_i + δ_{i,j})}{\sum_{i=1}^{N} W_i} \tag{2-4}$$

と表すことができる。

以下，この式 (2-4) を身長と適応度の関係について簡潔に取り扱えるような形を目指してひたすら変形していく。まず，

---

[30] 横軸に身長，縦軸に適応度をプロットしたときの回帰直線の傾きに相当する。例えば，この値が正であれば身長が増加するほど適応度も増加することを示す。

[31] 本節での導出法については Rice (2004) を参考にした。別の筋立ての導出法としては巌佐 (1998) が参考になる。

$$\sum_{i=1}^{N} W_i = N\bar{W}$$

また

$$\sum_{j=1}^{W_i} (h_i + \delta_{i,j}) = W_i(h_i + \bar{\delta}_i) = W_i h_i + W_i \bar{\delta}_i$$

であることから，式 (2-4) を

$$\bar{h}' = \frac{1}{N\bar{W}} \left[\sum_{i=1}^{N} W_i h_i + \sum_{i=1}^{N} W_i \bar{\delta}_i \right]$$

$$= \frac{1}{\bar{W}} \left[E(Wh) + E(W\bar{\delta}) \right] \tag{2-5}$$

と変形することができる。ここで $E(\cdot)$ は平均を表す。式 (2-5) の第一項は親の平均身長に対する絶対適応度による重み付け平均であり，第二項は親と子の身長の差に対する絶対適応度による重み付け平均である。ここで $E(xy) = \mathrm{cov}(x, y) + E(x)E(y)$ の関係を用いると，

$$\bar{h}' = \frac{1}{\bar{W}} \left[\mathrm{cov}(W, h) + E(W)E(h) + E(W\bar{\delta}) \right]$$

$$= \frac{1}{\bar{W}} \left[\mathrm{cov}(W, h) + E(W\bar{\delta}) \right] + \bar{h}$$

$$\Delta\bar{h} = \frac{1}{\bar{W}} \left[\mathrm{cov}(W, h) + E(W\bar{\delta}) \right] \tag{2-6}$$

と変形することができる。ここで $\mathrm{cov}(W, h)$ は適応度 W と身長 h の共分散[32]を表す。適応度 W の項をさらにまとめるため，以下のように変形を行う。

$$\Delta\bar{h} = \frac{1}{\bar{W}} \left[\mathrm{cov}(W, h) + \mathrm{cov}(W, \bar{\delta}) + E(W)E(\bar{\delta}) \right]$$

ここで $\mathrm{cov}(x, y) + \mathrm{cov}(x, z) = \mathrm{cov}(x, y+z)$ の関係を用いると，

$$\Delta\bar{h} = \frac{1}{\bar{W}} \left[\mathrm{cov}(W, h+\bar{\delta}) \right] + E(\bar{\delta})$$

ある個体が持つ子の平均身長を $h^o = h + \bar{\delta}$ と置くと，

---

[32] 共分散は $\mathrm{cov}(x, y) = E[(x-\bar{x})(y-\bar{y})]$ であり，x と y の関連性の強さを表す。相関係数 r との関係は $r = \mathrm{cov}(x, y)/\sqrt{\mathrm{var}(x)\mathrm{var}(y)}$ となる。つまり相関係数 r は共分散を各項の標準偏差の積で規準化したものである。

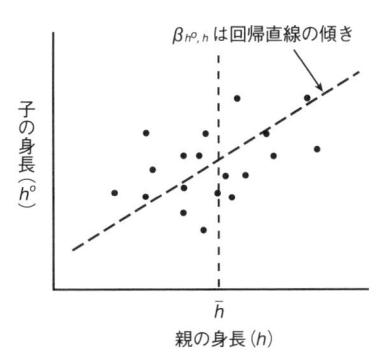

補遺 A 量的遺伝モデルによる各性淘汰理論の解説　　　　　　　　　　59

図 2-5　親子間の身長の回帰と回帰直線の傾き

$$\Delta \bar{h} = \frac{1}{W}\left[\text{cov}(W, h^o)\right] + E(\bar{\delta}) \tag{2-7}$$

を導くことができる．式 (2-7) により，適応度 W をようやく第一項のなかにシンプルな形でまとめることができたが，「親の適応度とその子の平均身長」との関係式になっているため，この項を「親の適応度とその親自身の身長」との関係式の形にさらにまとめたい．

　ここから，親の身長と子の身長の回帰関係を用いてさらに変形を行う．子の身長の平均値を親の身長への線形回帰を用いて表した場合，個体 i の子の平均身長は以下のように表すことができる（図 2-5）．

$$h_i^o = \bar{h} + \beta_{h^o, h}(h_i - \bar{h})$$

ここで $\beta_{h^o, h}$ は親の身長の子の身長への回帰係数である．この回帰式を式 (2-7) に代入すると，

$$\Delta \bar{h} = \frac{1}{W}\{\text{cov}[W, \bar{h} + \beta_{h^o, h}(h - \bar{h})]\} + E(\bar{\delta}) \tag{2-8}$$

となる．さらに，「親の身長」と「その親の子の平均身長」には差がない（突然変異などによる定方向的なバイアスが存在しない）と仮定すると $E(\bar{\delta}) = 0$ となり，また，定数項は共分散に寄与しないことから

$$\Delta \bar{h} = \frac{1}{W}\{\text{cov}(W, \beta_{h^o, h} h)\} \tag{2-9}$$

とまとめることができる．回帰係数 $\beta_{h^o, h}$ は定数であることから

$$\Delta \bar{h} = \frac{1}{\bar{W}} \beta_{h^o,h} \operatorname{cov}(W, h) \tag{2-10}$$

と変形でき，さらに回帰係数の定義により $\operatorname{cov}(W, h) = \beta_{W,h} \operatorname{var}(h)$ であるから

$$\Delta \bar{h} = \frac{1}{\bar{W}} \beta_{h^o,h} \beta_{W,h} \operatorname{var}(h) \tag{2-11}$$

同様に $\beta_{h^o,h} = \operatorname{cov}(h^o, h)/\operatorname{var}(h)$ から

$$\Delta \bar{h} = \frac{1}{\bar{W}} \beta_{W,h} \operatorname{cov}(h^o, h) \tag{2-12}$$

と最終的にまとめることができる。ここで式 (2-1) と式 (2-12) を比べてみると，式 (2-1) における相加的遺伝分散 V_h はこの親子間の身長の共分散 $\operatorname{cov}(h^o, h)$ に相当[33]し，β_h は親の身長の適応度に対する回帰係数 $\beta_{W,h}$ に相当する。その結果，

$$\Delta \bar{h} = \frac{1}{\bar{W}} \beta_h V_h \tag{2-1}$$

の量的遺伝の基本式を得ることができる。

ここで，改めて式 (2-12) の意味を図を用いて解説したい。式 (2-12) の $\beta_{W,h}$ は，図 2-6 に示すような，身長の関数として表した適応度曲線の傾きを表す。また，$\beta_{W,h}$ の符号は量的形質の進化の方向性を規定し，$\beta_{W,h}$ の

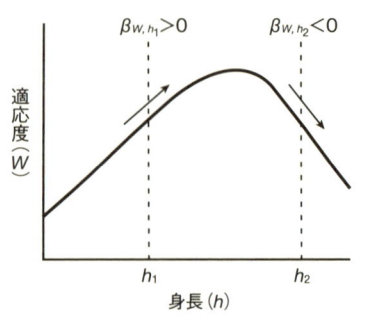

図 2-6　身長に対する適応度曲線　適応度曲線の傾きが回帰係数に相当する。

---

33) 厳密に言えば，相加的遺伝分散と親子間の形質の共分散は同一の概念ではない（詳しくは Rice 2004, p. 203 を参照）。

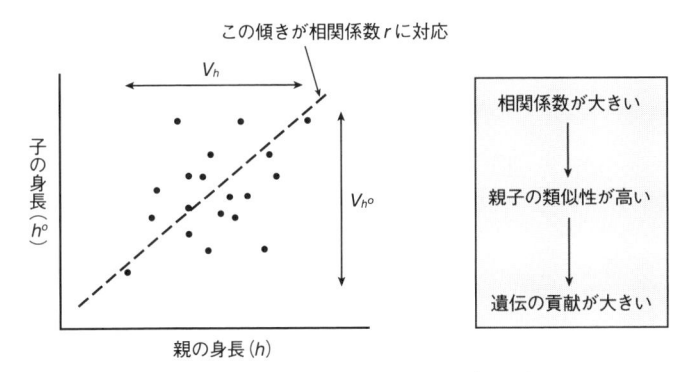

補遺 A　量的遺伝モデルによる各性淘汰理論の解説　　　　　　　　　　　　　61

図 2-7　身長における親子相関とばらつき

値の大きさは進化の速度を規定する。例えば，もし集団の平均身長における適応度曲線の傾き $\beta_{W,h}$ が正である場合には集団内の平均身長は正の淘汰を受けて増加し，負である場合には負の淘汰を受けて減少することになる。一方，式 (2-12) は，量的形質の進化の速度は親子間の形質の共分散 $\text{cov}(h^o, h)$ にも依存することを示している。共分散 $\text{cov}(h^o, h)$ は $\text{cov}(h^o, h) = r_{h^o,h}\sqrt{\text{var}(h^o)\,\text{var}(h)}$ であり，形質の分散は世代間で一定であると仮定すると $\text{cov}(h^o, h) = r_{h^o,h}\,\text{var}(h)$ のように 2 つの構成要素の積として表すことができる。ここで $r_{h^o,h}$ は親子間の形質の相関係数を表し，$\text{var}(h)$ は集団内での形質の分散の大きさを表す（図 2-7）。このことは，量的形質の進化の速度は，親子間の形質の相関係数が高い（つまり親子での表現型の類似度が高い＝相加的遺伝要因の貢献が大きい）ほど，また集団内での形質の分散が大きいほど大きくなることを示している[34]。

上記で展開したのは 1 形質についての量的遺伝モデルについての説明であるが，次に 2 形質の場合の量的遺伝モデルについて説明する。2 形質の量的遺伝モデルの一般式は次の形で与えられる。

---

34) 例えば，遺伝的に均一であるクローン集団を考えてみると，集団内での形質のばらつきは全て環境要因であるため親子間の形質の相関係数はゼロとなる。そのため，どんなにその形質に淘汰圧がかかっても，式 (2-12) により進化は起こらないことが分かる。

$$\Delta \begin{pmatrix} \bar{h} \\ \bar{g} \end{pmatrix} = \frac{1}{\bar{W}} \begin{pmatrix} V_h & C_{h,g} \\ C_{g,h} & V_g \end{pmatrix} \begin{pmatrix} \beta_h \\ \beta_g \end{pmatrix} \qquad (2\text{-}13)$$

簡単のため，$\bar{W}=1$ となるように β_h と β_g がスケーリングされていると仮定すると，次のように簡略化できる．

$$\Delta \begin{pmatrix} \bar{h} \\ \bar{g} \end{pmatrix} = \begin{pmatrix} V_h & C_{h,g} \\ C_{g,h} & V_g \end{pmatrix} \begin{pmatrix} \beta_h \\ \beta_g \end{pmatrix} \qquad (2\text{-}14)$$

ここで，同じことだが，それぞれの項を書き下すと

$$\begin{cases} \Delta \bar{h} = V_h \beta_h + C_{h,g} \beta_g \\ \Delta \bar{g} = C_{g,h} \beta_h + V_g \beta_g \end{cases} \qquad (2\text{-}15)$$

となる．1形質の量的遺伝モデルと比べた場合との大きな違いは，形質間の遺伝相関を表す $C_{h,g}$ という項が入っていることである．ここで $C_{h,g}$ は形質 h と形質 g の間の共分散を表す[35]．この式 (2-15) は，ある形質が他の形質との遺伝的な相関関係を介して進化しうることを示している．例えば h と g がそれぞれ身長と体重を表すとし，その間の共分散が 0.3 であるとする．このとき，身長 h にかかる淘汰圧がない場合でも（常に $\beta_h = 0$），体重 g に $\beta_g = 0.01$ の淘汰圧がかかる場合には，$\Delta \bar{h} = V_h \times 0 + 0.3 \times 0.01 = 0.003$ となり，次世代では平均身長 $\bar{h}$ が 0.003 cm 増加することになる．

このように遺伝的な相関のある他の形質に対する淘汰の副作用として別の形質が進化する過程を，間接淘汰（indirect selection）と呼ぶ．以下に見ていくように，古典的性淘汰説（ランナウェイ説・優良遺伝子説）においてはその進化動態において間接淘汰が本質的な役割を担う．

A-2 量的遺伝モデルの枠組みに基づく性淘汰理論の解説

本節では，性淘汰の量的遺伝モデルの一般式を以下のように表す[36]．

---

[35] ちなみに，共分散の定義より $C_{h,g} = C_{g,h}$ である．

[36] 式 (2-16) 以降では，β の値は $\bar{W}=1$ となるようにすでにスケーリングされていると考え，平均適応度の項 $\bar{W}$ を省略して記す．また，本来ならばオスのディスプレイ形質とメスの選好性については性特異的形質であるため，適応度に対する身長の回帰係数に 1/2 が掛かるが，表記上の簡略化のため，式 (2-16) 以降では β の値は性特異的形質であることに対するスケーリングもすでに行われているとし，1/2 の表記も省略する．

補遺 A　量的遺伝モデルによる各性淘汰理論の解説

$$\Delta \begin{pmatrix} \overline{t} \\ \overline{p} \\ \overline{v} \end{pmatrix} = \begin{pmatrix} V_t & C_{t,p} & C_{t,v} \\ C_{p,t} & V_p & C_{p,v} \\ C_{v,t} & C_{v,p} & V_v \end{pmatrix} \begin{pmatrix} \beta_{N,t} + \beta_{S,t} \\ \beta_{N,p} + \beta_{S,p} \\ \beta_{N,v} + \beta_{S,N} \end{pmatrix} \quad (2\text{-}16)$$

ここで，t はオスのディスプレイ形質，p はメスの選好性，v は生存力を表す[37]。ここでは，解説の便宜のため形質が適応度に与える影響を，自然淘汰によるものと性淘汰によるものの2つに分けて記述する[38]。$\beta_{N,t}$, $\beta_{N,p}$, $\beta_{N,v}$ はそれぞれ t, p, v に対する自然淘汰に関わる適応度の偏回帰係数（適応度曲線における曲線の傾き），$\beta_{S,t}$, $\beta_{S,p}$, $\beta_{S,v}$ は t, p, v に対する性淘汰に関わる適応度の偏回帰係数を表す。ここで「性淘汰に関わる」というのは「交配相手の質または量に依存して適応度が影響を受ける場合」を指す。式 (2-16) を書き下すと

$$\begin{cases} \Delta \overline{t} = V_t \beta_{N,t} + V_t \beta_{S,t} + C_{t,p} \beta_{N,p} + C_{t,p} \beta_{S,p} + C_{t,v} \beta_{N,v} + C_{t,v} \beta_{S,v} \\ \Delta \overline{p} = C_{p,t} \beta_{N,t} + C_{p,t} \beta_{S,t} + V_p \beta_{N,p} + V_p \beta_{S,p} + C_{p,v} \beta_{N,v} + C_{p,v} \beta_{S,v} \\ \Delta \overline{v} = C_{v,t} \beta_{N,t} + C_{v,t} \beta_{S,t} + C_{v,p} \beta_{N,p} + C_{v,p} \beta_{S,p} + V_v \beta_{N,v} + V_v \beta_{S,v} \end{cases} \quad (2\text{-}17)$$

となり，本モデルでは性淘汰の進化動態には全18項の要素が関わりうることが分かる。これらの要素のうち，それぞれの性淘汰理論ではどの項が重要となるかを以下に議論していく。なお，以下の説明においては，数学的厳密さよりも各理論の主要な性質の説明のために単純さを優先させている部分もあるので，あらかじめご了承いただきたい。

ランナウェイ説

ランナウェイ説による進化過程では，まず何らかの原因により選好性が存在する（$p > 0$）ことが，進化が起こるための前提となる。以下の式は，ランナウェイ説によるオスのディスプレイ形質とメスの選好性の進化の初期

---

[37]「生存力」と言っても実現された生存率そのものを指すわけではなく，あくまで潜在的な生存力を指す。例えば「免疫能力を上昇させる遺伝的形質」のような，その形質を持つことで生存において潜在的により有利となるような形質をイメージすると分かりやすいかもしれない。

[38] A-2 節での行列形式を用いた数理的説明においては Fuller et al. (2005) の議論を下敷きとした。

過程が進行しているときの，最重要な項を書き抜いたものである．

$$\begin{cases} \Delta \bar{t} = V_t \beta_{S,t} > 0 \\ \Delta \bar{p} = C_{p,t} \beta_{S,t} > 0 \\ \Delta \bar{v} = 0 \end{cases} \quad (2\text{-}18)$$

式 (2-18) は，メスの選好性が存在する ($\bar{p} > 0$) とき，大きいディスプレイ形質 t を持つオスがより配偶者として選ばれやすくなるため，より大きいディスプレイ形質 t を持つオスの適応度が高くなる ($\beta_{S,t} > 0$) ことを表している．一方，メスの選好性 p とオス形質 t の間に遺伝相関がある場合 ($C_{p,t} > 0$) には，メスの選好性 p もまた間接淘汰により増加する ($\Delta \bar{p} = C_{p,t} \beta_{S,t} > 0$)．選好性 p の増加はさらにより大きいディスプレイ形質 t を持つオスの有利さ $\beta_{S,t}$ を増加させるため，上記の過程が繰り返されることにより t と p の進化の間で正のフィードバックによる共進化が起こることになる．上記の過程において最重要なパラメータはメスの選好性 p とオス形質 t の間の $C_{p,t}$ であり，$C_{p,t} > 0$ がランナウェイ説による進化が起きるための最低限必要な条件である．ランナウェイ説による進化過程においては一般に生存力 v の影響は考えない．

　メスの選好性 p とオスのディスプレイ形質 t の間の共進化の結果として，オスのディスプレイ形質がかなり大きくなると，今度は大きなディスプレイ形質を持つことに対する自然淘汰による逆向きの淘汰がかかってくるだろう ($\beta_{N,t} < 0$)．ここで性淘汰による利益と自然淘汰によるコストが釣り合う地点 ($\beta_{N,t} + \beta_{S,t} = 0$) において進化が止まり，以下の平衡状態に達することになる．

$$\begin{cases} \Delta \bar{t} = V_t \beta_{N,t} + V_t \beta_{S,t} = 0 \\ \Delta \bar{p} = C_{p,t} (\beta_{N,t} + \beta_{S,t}) = 0 \\ \Delta \bar{v} = 0 \end{cases} \quad (2\text{-}19)$$

ここで重要なことは，上の平衡状態はメスの選好性 p にも負の自然淘汰がかかるとき ($\beta_{N,p} < 0$) には維持されないことである．試しに式 (2-19) に負の自然淘汰 $\beta_{N,p}$ (< 0) の項を加えると

$$\begin{cases} \Delta \bar{t} = V_t(\beta_{N,t} + \beta_{S,t}) + C_{p,t}\beta_{N,p} \\ \Delta \bar{p} = C_{p,t}(\beta_{N,t} + \beta_{S,t}) + V_p\beta_{N,p} \\ \Delta \bar{v} = 0 \end{cases} \quad (2\text{-}20)$$

となるが，ここで t が平衡状態 ($\Delta t = 0$) のとき

$$(\beta_{N,t} + \beta_{S,t}) = -\frac{C_{p,t}\beta_{N,p}}{V_t}$$

となり，これを式 (2-20) の $\Delta \bar{p}$ の式に代入すると，$\beta_{N,p} < 0$ および分散と共分散の定義により，特殊な場合を除き $V_t V_p > C_{p,t}^2$ であるため，

$$\Delta \bar{p} = -\frac{C_{p,t}^2 \beta_{N,p}}{V_t} + V_p \beta_{N,p} = (V_t V_p - C_{p,t}^2)\frac{\beta_{N,p}}{V_t} < 0$$

となり，平衡状態は成り立たずにメスの選好性 p は減少してしまう。このようにメスの選好性にコストが存在する場合 ($\beta_{N,p} < 0$) には，最終的にはメスの選好性が消失する $\bar{p} = 0$ 以外の平衡点は存在しないことが示されている (Kirkpatrick 1965; Pomiankowski et al. 1991)。

このようにランナウェイ説による進化が維持されるかどうかはメスの選好性に伴うコストの有無により大きく左右され，この点はしばしばランナウェイ説の持つ主要な弱点として指摘される (Arnqvist & Rowe 2005)。なお，メスの選好性の強さの上昇に伴い選好性のコストが急激に上昇する場合には $\bar{p} = 0$ の平衡点も不安定となり，周期的な変動を伴う連続的な進化 (リミット・サイクル) が起きることも示されている (Iwasa & Pomiankowski 1995)。

一方，突然変異バイアスが存在する場合には，メスの選好性にコストがある場合でもメスの選好性が維持されることが示されている (Pomiankowski et al. 1991)。ここで突然変異バイアスは，突然変異の向きに常にオスのディスプレイ形質を減少させる方向へのバイアスが存在するような状況を想定している。一般に，華美な形質については，その形質を維持するように働く突然変異よりも壊すように働く突然変異のほうが多いと想定するのは不自然なことではないだろう。突然変異バイアス μ_t (常に $\mu_t > 0$) は，以下のように式に組み込むことができる。

$$\begin{cases} \Delta\bar{t} = V_t(\beta_{N,t}+\beta_{S,t}) + C_{p,t}\beta_{N,p} - \mu_t = 0 \\ \Delta\bar{p} = C_{p,t}(\beta_{N,t}+\beta_{S,t}) + V_p\beta_{N,p} = 0 \\ \Delta\bar{v} = 0 \end{cases} \quad (2\text{-}21)$$

この平衡状態から，$(\beta_{N,t}+\beta_{S,t}) = (\mu_t - C_{p,t}\beta_{N,p})/V_t$ より

$$\Delta\bar{p} = \left(V_p - \frac{C_{p,t}^2}{V_t}\right)\beta_{N,p} + \frac{C_{p,t}\mu_t}{V_t} = 0 \quad (2\text{-}22)$$

と整理できる。一方，ここでメスの適応度関数として二次関数を仮定すると

$$\beta_{N,p} = \frac{\partial W_f(\bar{p})}{\partial \bar{p}} = \frac{\partial(1-b\bar{p})^2}{\partial \bar{p}} = -2b\bar{p}$$

となる。これを式 (2-22) に代入し $\bar{p}$ について整理すると

$$\bar{p} = \frac{(\mu_t/2b)C_{p,t}}{(V_tV_p - C_{p,t}^2)} > 0 \quad (2\text{-}23)$$

となり，最終的に平衡状態において $\bar{p}>0$ となるため，メスの選好性が維持されることになる。ここで b はメスの選好性に伴うコストの大きさを表す。式 (2-23) は $\bar{p}>0$ となるためには突然変異バイアスが存在する ($\mu_t>0$) ことが必要であることを示している。式 (2-23) が示す結果を現実と対応させるうえで重要なことは，式 (2-23) は理論的にメスの選好性が消失はしない ($\bar{p}=0$ からはズレる) ことを説明するものではあるが，そのズレの「程度」については実証的研究により各パラメータの値を決定してみないと分からないという点にある。その「ズレ」の程度が単に軽微なものにとどまるのか，あるいは実質的なものであるのかを定量的に明らかにしていくことが，ランナウェイ説に関する実証面での大きな研究課題である。

優良遺伝子説

優良遺伝子説では，オスのディスプレイ形質 t とメスの選好性 p だけではなく，生存力 v の動態も考慮する。まず，まだオスのディスプレイ形質 t とメスの選好性 p も進化しておらず，生存力 v は突然変異バイアス ($\mu_v>0$) と釣り合う形で平衡状態となっている状況を考えてみよう。

補遺 A 量的遺伝モデルによる各性淘汰理論の解説

$$\begin{cases} \Delta \bar{t} = 0 \\ \Delta \bar{p} = 0 \\ \Delta \bar{v} = V_v \beta_{N,v} - \mu_v = 0 \end{cases} \quad (2\text{-}24)$$

ここで，もし何らかの原因により生存力 v とメスの選好性 p の間の遺伝相関 $C_{p,v}$ が正になったとすると

$$\begin{cases} \Delta \bar{t} = 0 \\ \Delta \bar{p} = C_{p,v} \beta_{N,v} > 0 \\ \Delta \bar{v} = V_v \beta_{N,v} - \mu_v \end{cases} \quad (2\text{-}25)$$

となり，生存力 v に対する間接淘汰によりメスの選好性 p が進化しうることが分かる。この遺伝相関 $C_{p,v}$ が「優良遺伝子説」において最も本質的な項である。いったんメスの選好性 p の進化が起こると，オスがディスプレイ形質 t を持つことが有利 ($\beta_{S,t} > 0$) となるためオスのディスプレイ形質 t の進化も起こる。また，高い生存力 v を持つことが繁殖上も有利 ($V_t \beta_{S,v} > 0$) となるため，生存力 v も増加する。

$$\begin{cases} \Delta \bar{t} = V_t \beta_{S,t} > 0 \\ \Delta \bar{p} = C_{p,v} \beta_{N,v} > 0 \\ \Delta \bar{v} = V_v \beta_{N,v} + V_v \beta_{S,v} - \mu_v > 0 \end{cases} \quad (2\text{-}26)$$

上の式 (2-26) は優良遺伝子説による進化動態を特徴づける項だけを抜き出したものである。さらに各形質間の遺伝相関も考慮し，オスのディスプレイ形質 t とメスの選好性 p が自然淘汰による逆向きの力と釣り合うところまで進化すると想定すると，その平衡状態では

$$\begin{cases} \Delta \bar{t} = V_t \beta_{N,t} + V_t \beta_{S,t} + C_{t,p} \beta_{N,p} + C_{t,v} \beta_{N,v} + C_{t,v} \beta_{S,v} = 0 \\ \Delta \bar{p} = C_{p,t} \beta_{N,t} + C_{p,t} \beta_{S,t} + V_p \beta_{N,p} + C_{p,v} \beta_{N,v} + C_{p,v} \beta_{S,v} = 0 \\ \Delta \bar{v} = C_{v,t} \beta_{N,t} + C_{v,t} \beta_{S,t} + C_{v,p} \beta_{N,p} + V_v \beta_{N,v} + V_v \beta_{S,v} - \mu_v = 0 \end{cases} \quad (2\text{-}27)$$

という関係式が満たされる。ここで，メスの適応度関数として $W_f(\bar{p}) = 1 - b_p \bar{p}^2 - b_v (v - v_{opt})^2$ を仮定する。ここで b_p と b_v は適応度コストの大きさを規定するパラメータである。このとき，適応度の $\bar{p}$ に対する回帰係数は

$$\beta_{N,p} = \frac{\partial W_f(\bar{p})}{\partial \bar{p}} = \frac{\partial [1 - b_p \bar{p}^2 - b_v (v - v_{opt})^2]}{\partial \bar{p}} = -2 b_p \bar{p}$$

となり,さらに逆行列を用いて式 (2-27) の連立方程式を $\bar{p}$ について解くと

$$\bar{p} = \frac{\mu_v(V_t C_{p,v} - C_{t,v} C_{p,t})}{2b_p|C|} \tag{2-28}$$

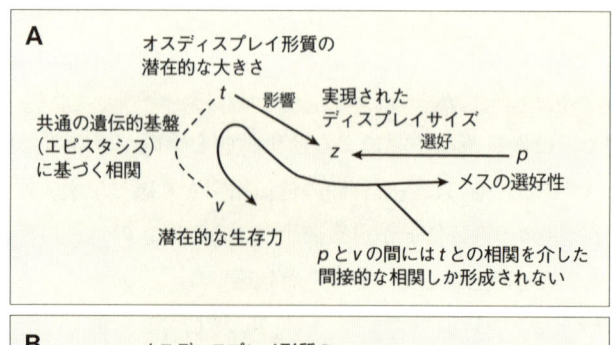

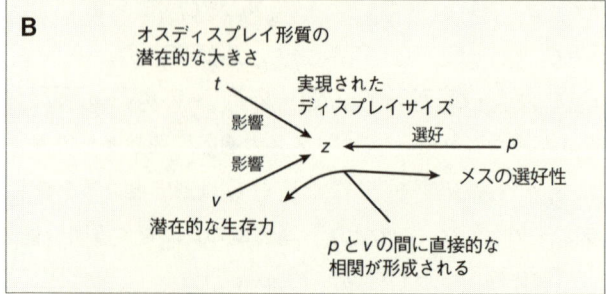

が得られる。ここで $|C|$ は式 (2-27) の連立方程式を行列形式で表したときの行列 (共分散行列) の行列式である ($|C|>0$)。式 (2-28) はメスの選好性が維持されるためには,$\mu_v>0$ (生存力に対する突然変異バイアスが存在する) かつ $V_t C_{p,v} > C_{t,v} C_{p,t}$ の条件が満たされることが必要であることを示している。後者の条件は,相関係数と分散・共分散の関係式 $\rho_{xy} = C_{x,y}/\sqrt{V_x V_y}$ を用いると,さらに $\rho_{pv} > \rho_{tv}\rho_{pt}$ とまとめられる。この不等式は,メスの淘汰性 p とオスの生存力 v の間にオスのディスプレイ形質 t を介しただけの遺伝相関しかない場合 (＝オスの実現されたディスプレイ形質の大きさ z が生存力 v に依存しない場合 ($\partial z/\partial v = 0$；図 2-8 A) には $\rho_{pv} > \rho_{tv}\rho_{pt}$ が成立し,コストを伴うメスの選好性は進化できないことを示している。一方,

図 2-8 優良遺伝子説における形質間の関係のパス図

オスの実現されたディスプレイ形質の大きさ z が生存力 v にも依存する場合（$\partial z/\partial v > 0$ となる場合；図 2-8 B），メスの選好性 p と生存力 v の間の直接の遺伝相関が生じ $\rho_{pv} > \rho_{tv}\rho_{pt}$ が満たされ，メスの選好性は維持される。後者（図 2-8 B）のようなケースは条件依存ハンディキャップあるいは暴露型ハンディキャップ[39]と呼ばれ，優良遺伝子によるディスプレイ形質がハンディキャップ形質として機能するための一般的な条件として知られている（巌佐 1998; Iwasa et al. 1991）。

知覚バイアス説

　知覚バイアス説では何らかの自然淘汰に起因する要因によりメスの選好性が進化していると考える[40]。つまり

$$\begin{cases} \Delta \bar{t} = 0 \\ \Delta \bar{p} = V_p \beta_{N,p} = 0 \quad (\bar{p} > 0) \\ \Delta \bar{v} = 0 \end{cases} \quad (2\text{-}29)$$

であり，メスの選好性は $\bar{p} > 0$ の状態で自然淘汰による安定化淘汰を受けて維持されていると考える（$\bar{p} = 0$ のとき $\beta_{N,p} > 0$，$\bar{p} > 0$ の領域において安定化淘汰を受け，平衡点で $\beta_{N,p} = 0$ となる）。知覚バイアス説による進化において最も本質的な項はこの $\beta_{N,p}$ である。メスの選好性の存在（$\bar{p} > 0$）はオスのディスプレイ形質 t に対して有利さを与えるので

$$\begin{cases} \Delta \bar{t} = V_t \beta_{S,t} > 0 \\ \Delta \bar{p} = V_p \beta_{N,p} = 0 \\ \Delta \bar{v} = 0 \end{cases} \quad (2\text{-}30)$$

---

[39] 条件型ハンディキャップは生存力が高いほど大きなディスプレイを発現させることができる場合を指し，暴露型ハンディキャップは，ディスプレイの発現自体は全ての個体において起こるが，生存力が高くないとディスプレイ（の質）を維持できないという場合を指す。理論的には，条件型ハンディキャップはディスプレイのコストが実現されたディスプレイサイズ z に依存するのに対し，暴露型ハンディキャップはディスプレイのコストがディスプレイ形質 t に依存する点で異なる（Iwasa et al. 1991）。どちらの場合においても $\partial z/\partial v > 0$ が満たされるため，進化動態に質的違いはもたらさない。

[40] 知覚バイアス説は「どのような形質がメスの選好性の進化に関わるか」を説明する理論として言及されることも多いが，本文での取り扱いと同様に本補遺 A においても，本書では知覚バイアス説を性的形質の進化動態を説明する理論として取り扱う。

となり，オスのディスプレイ形質 t も進化する。この進化はオスのディスプレイ形質の進化が自然淘汰による逆向きの力と釣り合うところまで進み，平衡状態では

$$\begin{cases} \Delta \bar{t} = V_t \beta_{S,t} + V_t \beta_{N,t} = 0 \\ \Delta \bar{p} = V_p \beta_{N,p} = 0 \\ \Delta \bar{v} = 0 \end{cases} \quad (2\text{-}31)$$

となる。

知覚バイアス説は，他の性淘汰理論における進化の前駆的な段階として言及されることも多い。例えば，式(2-30)の段階でオスのディスプレイ形質 t とメスの選好性 p の間の共分散 $C_{t,p}$ が正である場合には

$$\begin{cases} \Delta \bar{t} = V_t \beta_{S,t} + C_{t,p} \beta_{N,p} > 0 \\ \Delta \bar{p} = C_{p,t} \beta_{S,t} + V_p \beta_{N,p} > 0 \\ \Delta \bar{v} = 0 \end{cases} \quad (2\text{-}32)$$

という遺伝相関を介した進化的力が加わり，知覚バイアスを「起源」としたランナウェイ説による進化へとつながっていく。

性的対立説

性的対立説ではメスが選好性を持つことが，不利益な交尾の回避を通じてメス自身の生存率や繁殖率を改善させる（$\beta_{S,p} > 0$）ため，メスの選好性 p が進化する。メスの選好性が進化する（$p > 0$）と，オスにとってもより大きなディスプレイ形質 t を持つことが有利となる（$\beta_{S,t} > 0$）ために，オス形質 t の進化が起きる。

$$\begin{cases} \Delta \bar{t} = V_t \beta_{S,t} > 0 \\ \Delta \bar{p} = V_p \beta_{S,p} > 0 \\ \Delta \bar{v} = 0 \end{cases} \quad (2\text{-}33)$$

この性的対立による進化において最も本質的な項は $\beta_{S,p} > 0$ である。オスのディスプレイ形質 t とメスの選好性 p が自然淘汰による逆向きの力と釣り合うところまで進化すると想定すると，その平衡状態では次のようになる。

補遺 A　量的遺伝モデルによる各性淘汰理論の解説

$$\begin{cases} \Delta \bar{t} = V_t \beta_{S,t} + V_t \beta_{N,t} = 0 \\ \Delta \bar{p} = V_p \beta_{S,p} + V_t \beta_{N,t} = 0 \\ \Delta \bar{v} = 0 \end{cases} \quad (2\text{-}34)$$

もし，オスのディスプレイ形質 t とメスの選好性 p の間の共分散 $C_{t,p}$ の存在を考慮した場合には，平衡状態は厳密には

$$\begin{cases} \Delta \bar{t} = V_t \beta_{N,t} + V_t \beta_{S,t} + C_{t,p} \beta_{N,p} + C_{t,p} \beta_{S,p} = 0 \\ \Delta \bar{p} = C_{p,t} \beta_{N,t} + C_{p,t} \beta_{S,t} + V_p \beta_{N,p} + V_p \beta_{S,p} = 0 \\ \Delta \bar{v} = 0 \end{cases} \quad (2\text{-}35)$$

となる。この式 (2-35) で示されるような平衡状態において，「オスのディスプレイ形質 t とメスの選好性 p の間の共進化の帰結（進化的平衡点の位置）は，性的対立（遺伝分散 V_t, V_p に依存した直接淘汰）とランナウェイ（t と p の間の共分散 $C_{t,p}$ を介した間接淘汰）のどちらにより影響を受けやすいか？」と考えるのは興味深い問いである。Gavrilets et al. (2001) による量的遺伝モデルを用いた性的対立モデルの解析からは，その進化的平衡点の位置は形質間の共分散 $C_{t,p}$ には依存しないことが解析的に示されており[41]，性的対立が存在する場合には，性淘汰による共進化の帰結を決定する主要因は性的対立による直接淘汰であることが示唆されている。

直接利益説

直接利益説の量的遺伝モデルの枠組みに基づく説明は，上記の性的対立説のものと同一の形となる。性的対立説では，メスが選好性を持つことが「不利益な交尾の回避を通じて」メス自身の生存率や繁殖率を改善させる（$\beta_{S,p} > 0$）と考えるが，直接利益説ではメスが選好性を持つことが「利益の高い交尾の獲得を通じて」メス自身の生存率や繁殖率を改善させる（$\beta_{S,p} > 0$）と考える点が異なる。どちらの過程においても最も本質的な要素は $\beta_{S,p} > 0$ である。

---

[41] ただし，Gavrilets et al. (2001) は突然変異バイアスを考慮していないので，突然変異バイアスを考慮した場合には遺伝相関の考慮が平衡点の位置にある程度影響するかもしれない。

それぞれの説に特徴的な進化的力は同時に生じやすい

以上において各性淘汰説における進化動態について解説してきたが，実際の性的形質の進化においては，異なる性淘汰説から示唆される進化動態が同時に働きやすい．例えば，あるオスのディスプレイ形質とメスの選好性の共進化を引き起こしている主要な要因が性的対立であったとしても，もしそこにメスの選好性とオスのディスプレイ形質の間の遺伝相関が存在するかぎり（$C_{t,p}>0$），進化的平衡点以外の場所ではランナウェイ過程において特徴的な進化的力［式 (2-18)］が多かれ少なかれ必然的に進化動態に寄与してくることになる．同様に，もしメスの選好性と生存力の間にある程度大きな遺伝相関が存在するかぎり（$C_{p,v}>0$），優良遺伝子説に特徴的な進化的力［式 (2-26)］は必然的にその進化過程に多かれ少なかれ寄与してくると考えられる．このことは，それぞれの性淘汰理論は互いに排他的ではなく，むしろ各理論に特徴的な進化的力は配偶者選択形質が進化する過程において必然的に同時に生じやすいことを示している．

補遺 B　最適な交尾回数をめぐる性的対立の理論モデル：その基本的な枠組みと予測される進化動態

B-1　最適な交尾回数をめぐる性的対立の理論モデルの概要

本補遺では，性的対立のモデルとして近年最も多く研究が行われている「最適な交尾回数」をめぐる性的対立モデルについて解説する．最適な交尾回数をめぐる性的対立モデルの基本的な枠組みは Gavrilets (2000) によって示され，その後の性的対立の理論モデルもこれを継承している (Gavrilets et al. 2001; Gavrilets & Waxman 2002; Rowe et al. 2003, 2005; Gavrilets & Hayashi 2006; Hayashi et al. 2007a, b)．そのため，補遺 B では Gavrilets (2000) のモデルを基本モデルとして念頭におき，最適な交尾回数をめぐる性的対立モデルについて概説する．

補遺 B　最適な交尾回数をめぐる性的対立の理論モデル　　　　　　　　　　　　　73

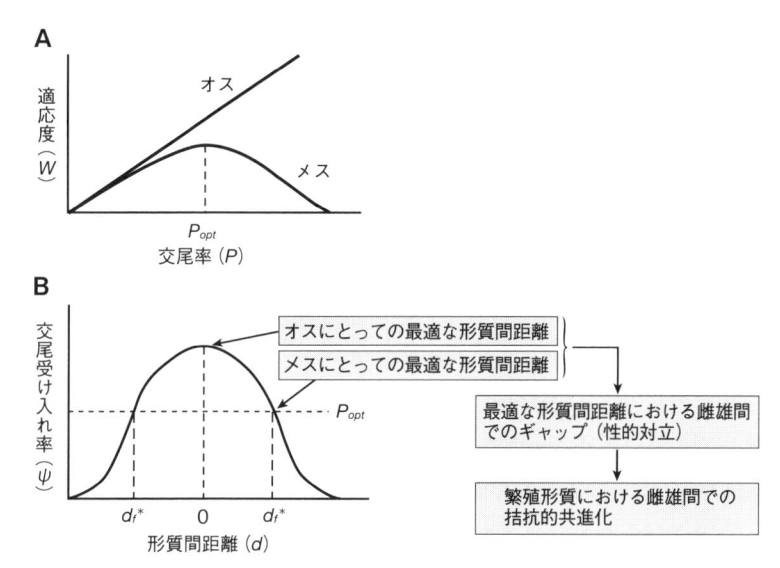

図 2-9　最適な交尾回数をめぐる性的対立モデルの 2 つの主要な仮定の図

　交尾回数をめぐる性的対立の理論モデルの第一の特徴としては,「適応度は交尾回数に依存して決まる」と仮定されていることが挙げられる（図2-9 に概念図を示す）。具体的には，オス個体適応度は交尾受け入れ率 P（＝交尾した異性の数／出会った異性の数）に対して単調に増加すると仮定される一方，メス個体の適応度は交尾受け入れ率 P が中間的な値 P_{opt} のときに最大となると仮定される（図 2-9 A）[42]。一方，オス個体にとっては常に交尾が受け入れられる状況（$P=1$）が最適であると考えられるため，P_{opt} が 1 から離れるほど性的対立が強くなる。

　交尾回数をめぐる性的対立の理論モデルの第二の特徴としては,「メスの交尾受け入れ率は，メスの選好性とオスのディスプレイ形質の組み合わせ（形質間距離）により決まる」と仮定されていることが挙げられる（図 2-9 B に概念図を示す）。例えば，Gavrilets（2000）は量的形質としてメス形質 x とオス形質 y を考え，メスの交尾受け入れ率 $\psi(x,y)$ は以下の式で表され

42）ここで交尾回数ではなく交尾率を扱っているのは，単に数学上の便宜のためである。

ると仮定している[43]。

$$\psi(x, y) = 1 - ad^2 = 1 - a(x-y)^2 \quad (2\text{-}36)$$

ここで d は形質間の距離を表し，a は d の変化に伴う交尾受け入れ率の変化の大きさの程度を表す。式(2-36)は，交尾受け入れ率 $\psi(x, y)$ は形質間距離 $d = x-y$ が 0 のとき（つまり $x = y$ のとき）に最大（= 1）となり，形質間距離 d が大きくなるほど小さくなることを示している。ここで $d = 0$ の場合がオスにとっての最適な形質間距離であり，$\psi(x, y) = P_{opt}$ をもたらす $d = d_{opt}$ がメスにとって最適な形質間距離となる。

本補遺ではモデルの詳細についての解説は行わないが，「性的対立により雌雄間での軍拡競争が引き起こされる」という基本的な進化動態については，上のモデルの2つの特徴〔(1) 最適な交尾回数は雌雄間で異なる，(2) 交尾受け入れ率はオス形質とメス形質の形質間距離によって決まる〕から説明できる。まず，オス個体にとっては，交尾回数が多ければ多いほど適応度が高くなる。そのため，オス形質 y は集団内のメス形質 x との形質間距離 d を可能なかぎり小さく（$d = 0$ に近づける）する方向に進化する。一方，メス個体にとっては P_{opt} に近い交尾率を持つことが有利である。そのため，メス形質 x は集団内のオス形質 y との形質間距離 d を一定に保つ（$d = d_{opt}$ に近づける）方向に進化する。このような状況においては，形質間距離 d を縮める（メスの好みを「追いかける」）方向に進化するオス形質 y と，形質間距離 d を一定に保つ（追いかけてくるオスから「逃げる」）方向に進化するメス形質 x の間で追いかけっこ（chase-away）型の拮抗的共進化が起きると予想される（図 2-9 B）。実際に，理論モデルからは，そのような共進化の結果としてさまざまな進化的帰結が引き起こされることが示されている。

---

[43] 式(2-36)は最も単純なモデル化の例であるが，形質間距離 d および交尾受け入れ率 $\psi(x, y)$ については，より現実的かつ詳細なモデル化を用いた理論的研究が進んでおり，性的対立の進化動態はそれらの仮定の詳細に強く依存することが示されている（例えば，Gavrilets et al. 2001; Rowe et al. 2003, 2005; Gavrilets & Hayashi 2006; Hayashi et al. 2007a）。

B-2 性的対立の理論モデルから示唆される進化的帰結

現在までの理論的研究から示されている性的対立の進化的帰結は，集団内での遺伝的多様化を伴う場合と伴わない場合の2つのケースに便宜的に大きく分けることができる．それぞれの場合における進化的帰結について以下で解説する．

遺伝的多様化を伴わない場合

まず，集団内での遺伝的多様化を伴わない場合については，大きく分けて以下の3つの進化的帰結が示されている．

(1) 終わりなき共進化　性的対立の強さが十分に強く，オスのディスプレイにもメスの選好性にもコストがかからない場合には，終わりのない連続的な共進化が起こり続け，形質は常に変化し続けることが示唆されている（図2-4 A；過去の研究の例では，Gavrilets 2000 の Fig.2，Gavrilets et al. 2001 の Fig.1a，Hayashi et al. 2007a の Fig.1A, C）．これは例えば，オスのディスプレイ形質を「オスが持つ赤い斑点の数」，メスの選好性を「メスが最も好むオスの赤い斑点の数」として捉えると，多すぎる交尾を避けるためメスが最も好む赤い斑点の数はどんどん増加していき，その対抗進化としてオスの赤い斑点の数もどんどん増加していくという際限のない軍拡競争が起きている状況に相当する．

(2) 平衡線上への進化　オスのディスプレイ形質にもメスの選好性にもコスト（安定化淘汰）がかからない場合でも，性的対立があまり強くない状態では交尾受け入れ率が1となる（形質間距離 $d=0$ を満たす）平衡線上への進化が起こることが示されている．その平衡線上では中立的浮動による形質の進化が起こりうる（図2-4 B；過去の研究の例では，Gavrilets 2000 の Fig.1）．これは例えば，集団内で「オスの赤い斑点の数」と「メスの赤い斑点の数に対する好み」が一致したまま平衡状態となっている状況に相当する．

(3) 平衡点への進化　オスのディスプレイ形質やメスの選好性にコス

トがかかる場合には，平衡点への進化が起こるのが最も一般的な帰結である（図 2-4 C；過去の研究の例では，Gavrilets et al. 2001 の Fig. 1b, c）。このとき，オス形質とメス形質においては性的対立による拮抗的共進化が起こるが，形質の進化に適応度コストがかかるためやがて自然淘汰による淘汰圧と性的対立による淘汰圧が釣り合う点で拮抗的共進化が止まり平衡に達する。これは例えば，「メスが最も好む赤い斑点の数」と「オスが持つ赤い斑点の数」の両者が軍拡競争により増加していくが，やがてメスの選好性やオスの赤い斑点を持つことに伴うコストの増加により軍拡競争が止まり，オスがある一定の数の赤い斑点を持ち，メスもある一定の赤い斑点の数に対する好みを持つところで進化が止まるという状況に相当する。どのようなオス形質とメス形質の組み合わせにおいて進化が止まるかは，性的対立の強さ，遺伝分散の大きさ，形質の突然変異率，同性内での性的競争の強さなどのパラメータに依存する。

遺伝的多様化を伴う場合

一方，集団内での遺伝的多様化を伴う場合の進化的帰結は大きく以下の 2 つに分けることができる。

(1) メス形質における遺伝的多様化　　性的対立の進化的帰結として，メス形質において集団内での遺伝的多様化が起こるケースも示されている（図 2-10 A；過去の研究の例では，Gavrilets & Waxman 2002 の Fig. 2, Hayashi et al. 2007a の Fig. 2A）。このようなケースは，拮抗的共進化においてメス形質がオス形質から「逃げる」際に，一方向的に逃げるのではなく多方向的に同時に逃げる（遺伝的に多様化する）ことにより生じる。この状態では，メス形質は分化することにより集団内でのオス形質との形質間距離 d を一定に保っており，オスは分化したどちらのメス形質も追うこともできず分化したメス形質の中間にトラップされる（図 2-10 A）。これは例えば，「メスが最も好む赤い斑点の数」が集団内で 10 個と 50 個の二手に分かれ，「オスが持つ赤い斑点の数」が 30 個のところでトラップされているような状況に相当する。このようなメス形質のみにおける遺伝的多様化

補遺B　最適な交尾回数をめぐる性的対立の理論モデル　　77

は比較的広い条件下で起こり，例えば，性的対立の程度が弱い，突然変異率が低い，メス形質に安定化淘汰がかかっている，などの遺伝的多様化が一見阻害されそうな条件下においてもこのような遺伝的多様化は起こりうる（Hayashi et al. 2007a）。

(2) 雌雄両者の形質における遺伝的多様化　　メス形質において遺伝的多様化が生じた場合，性的対立が十分に強い場合には，オスにおいても

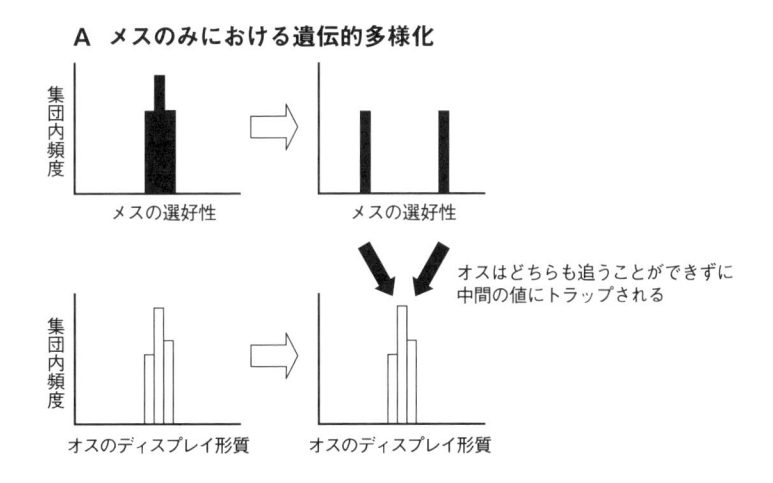

A　メスのみにおける遺伝的多様化

（集団内頻度 vs メスの選好性）
オスはどちらも追うことができずに中間の値にトラップされる
（集団内頻度 vs オスのディスプレイ形質）

B　雌雄両方における遺伝的多様化

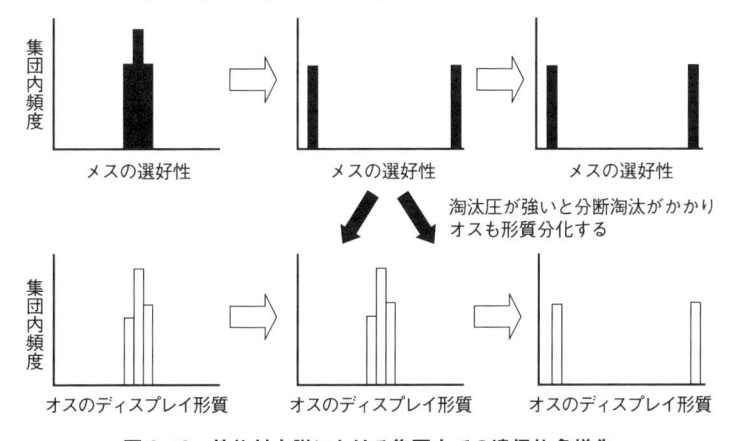

（集団内頻度 vs メスの選好性）
淘汰圧が強いと分断淘汰がかかりオスも形質分化する
（集団内頻度 vs オスのディスプレイ形質）

図2-10　性的対立説における集団内での遺伝的多様化

同様の遺伝的多様化が起こりうる（図2-10 B；過去の研究の例では，Gavrilets & Waxman 2002 の Fig. 3; Hayashi et al. 2007a の Figs. 1B, 2B-C, 3）。この場合には，強い性的対立の存在により，図2-10 Aのようなメス形質の分化の結果としてオス形質においても強い分断的淘汰（二手に分かれてでもメスを追いかけることができる強い淘汰圧）が働き，メス形質における分化に対応する形でオス形質にも遺伝的多様化が生じる（図2-10 B）。これは例えば，「メスが最も好む赤い斑点の数」が集団内で10個と50個の二手に分かれ，「オスが持つ赤い斑点の数」も集団内で同じく10個と50個に分かれるような状況に相当する。この雌雄両者における遺伝的多様化は，その前提としてメス形質において安定的な遺伝的分化が必要であり，また十分に強い性的対立（少なくとも $P_{opt}<0.5$ である必要がある）や，高い突然変異率，さらにオス形質の進化にコストがかからないなどの条件が必要であるため，比較的限定的な条件下でしか生じないことが示唆されている（Hayashi et al. 2007a）。

　以上，進化的帰結の便宜的な分類として計5つの場合について解説してきたが，これらの進化的帰結は集団内において必ずしも排他的・安定的に生じるわけではないことに注意すべきである。Hayashi et al. (2007a) の二倍体・多座位系モデルを用いた個体ベースシミュレーションは，同一集団内においても座位ごとに異なる進化的帰結が起こりうることや，同一座位内においても遺伝的浮動により上記の進化的帰結間の動的な移り変わりが生じることを示している（例えば，Hayashi et al. 2007a の Fig. 4）。

3
グッピーの配偶行動と雌雄の駆け引き

狩野賢司

はじめに

　グッピーといえば熱帯魚・観賞魚としてよく知られた魚であろう。それだけでなく，グッピーは行動生態学や進化生態学の分野でも有名な存在で，グッピーを対象にした研究により次々と興味深い成果が報告されている。

　グッピー *Poecilia reticulata* は，南米のトリニダッド島やその周辺域を原産とするカダヤシ科の淡水魚である。原産地では，貧栄養状態の河川上流から，汚染された用水路のような場所にまで広く生息している（Magurran 2005）。その適応性の広さから，観賞魚として持ち込まれたものが逸出したり，あるいはマラリア対策として蚊の駆除のために放流されたりなどして，世界各地の暖水環境で野生化している。

　したがって，グッピーは飼育しやすく，また卵胎生であるため繁殖させて子を得ることも容易である。このような利点から，グッピーは遺伝学や生理学など生物学の多様な分野で実験材料とされているが，配偶者選択研究においてもモデル生物の1つとされている（Andersson & Simmons 2006）。雌雄の性差は顕著であり，地味なメスに比べ，オスの体にはオレンジ色や黒色の斑紋（スポット），あるいは青や緑色に見える構造色のスポットが散在して派手である（図3-1）。さらに，オスのなかには尾鰭や背鰭が長く伸びる個体も見られる。オスのほうが派手な性差が生じる場合，性淘汰が働い

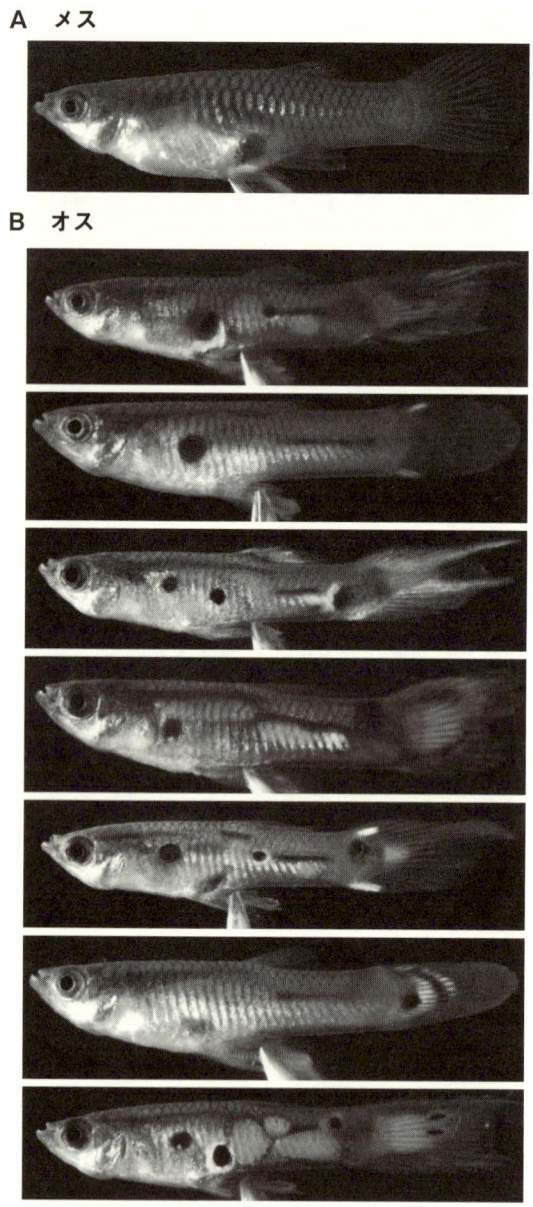

図 3-1 沖縄・比地川のグッピーのメス(A)とオス(B) 同じ場所で同日に採集されたオスだが，体側のスポットや尾鰭の長さに個体差が大きい。

ている可能性が高いが，性淘汰の構成要素の1つである同性間競争（この場合はオス間競争）の程度はグッピーでは弱く，もう一方の要素であるメスの配偶者選択がグッピーにおけるオスの派手さの進化に主要な役割を果たしたと考えられている（Houde 1997）。また，後述するように雌雄の配偶行動は観察しやすく，メスがどのオスを選り好んでいるかを明確に判断することができる。さらに，世代時間が短く，淘汰によりどのような進化的影響が見られるか，つまり世代が進むにつれてどのような変化が起こるかを検証しやすい。また，河川の浅い場所に生息しているため，野外で行動観察がしやすいことも利点である。

1980年代からグッピーの配偶者選択に関する研究が盛んになってきたが，初期の研究ではどのようなオスがメスに好まれるかが焦点だった。さらに，配偶者選択をすることによって得られるメスの利益の検証が始まった。そして，メスとオスが交尾した後の性淘汰，つまり精子競争やメスの精子選択，そして配偶をめぐるメスとオスの対立など，近年では多様な研究が進展している。ここでは，私の研究室での成果も含めて最近の知見を紹介し，グッピーのメスとオスがいかに巧みで熾烈な駆け引きを行っているか，現在分かっていることを示していきたい。

3-1　グッピーの配偶行動：配偶者選択と，メスとオスの対立

グッピーの雌雄は硬骨魚類では珍しく交尾を行う。成熟したオスの尻鰭は棒状に変形しているが，これはゴノポディウム（gonopodium）と呼ばれる。交尾の際，オスはゴノポディウムをメスの生殖孔に挿入し，精子を渡す。

グッピーは2種類の配偶様式を示す。1つは，メスとオスが協力的に交尾をするやり方である。まず，オスはメスの前面や側面に泳いでいって，鰭を広げ，体をS字状に曲げて振るわせる，シグモイド（sigmoid）と呼ばれる求愛ディスプレイを行う。そのオスが気に入らない場合，メスはオスの求愛を無視するが，オスが気に入った場合は，メスは求愛するオスのほう

に顔を向けて体を静止させるオリエント (orient) という行動を示す。その後，そのオスがさらに好みだった場合，メスは胸鰭を使って静かにオスに近づくグライディング (gliding) 行動を示す。グライディングの際には，メスはしばしば自分の生殖孔をオスのほうに向けるようにして接近していく。そして，メスとオスは協力的に交尾を行う (図3-2；協力交尾)。いったん，メスがオリエント行動やグライディング行動を示した後でも，そのオスに対する興味を失ったようにメスがオスから離れていくことも多いことから，これら一連の行動を通してメスはオスを慎重に見極めており，メ

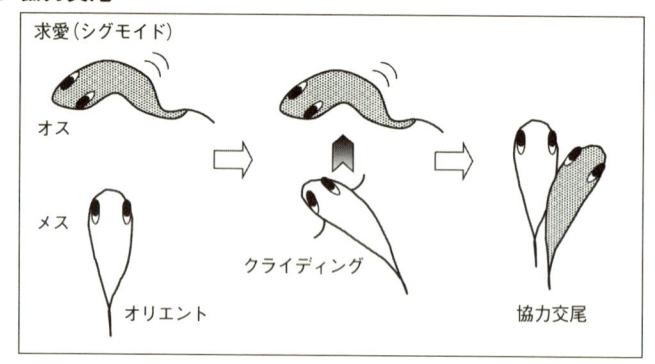

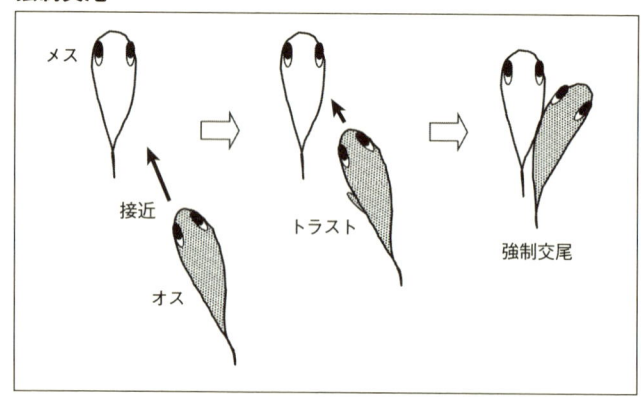

図3-2 グッピーの2つの配偶様式の模式図

スのメガネにかなわなかったオスは各段階で振り落とされると考えられる。したがって，協力交尾の場合，メスが配偶相手としてふさわしいと判断したオスのみが交尾にまで至ることができる。

　一方，もう1つの配偶様式では，オスは強制的にメスと交尾しようとする。この場合，オスは求愛を示さず，メスの後方から接近し，トラスト(gonopodial thrust)と呼ばれる，ゴノポディウムをメスに向けて突き出すような行動を見せる。そして，オスはメスに急速に接近し，ゴノポディウムをメスの生殖孔に挿入しようと試みる(図3-2；強制交尾)。この配偶行動は他の動物の代替繁殖行動と同じようにスニーキングと呼ばれる場合もある。強制交尾の場合，メスの選り好みはほとんど効かないと考えられる。同一のオスが協力交尾，強制交尾のいずれの配偶行動も示すことから，この2つの配偶行動は代替的繁殖戦術と見なすことができる。

　交尾後，メスは体内受精を行い，通常1ヶ月程度で子魚を産むが，交尾から産子までの期間には変異が大きく，Evans & Magurran (2000)の研究では，オスと4日間同居させて交尾させたメスが産子したのは，交尾後20日程度から60日以上と，大きな個体差が見られた。メスは体内の受精卵に栄養分を追加して与えることはなく，卵黄に含まれている栄養だけで胚は成長し，子魚になる。また，子魚を産むまで次の受精は行われないため，受精した胚を抱いた妊娠メスは基本的にオスとの交尾を受け入れない。オスとの交尾を積極的に受け入れるのは，メスが産子した後のわずか3日程度の間だけ(Liley 1966)，あるいは交尾経験のない処女メスである。

　したがって，自然状態では多くのメスが妊娠中であり，オスに求愛されても受け入れない。また，オスを受容可能な時期のメスであっても，上記のように慎重に配偶相手を選んでいることから，メスの配偶者選択によって拒絶されてしまうオスも少なくないだろう。実際に，原産地のトリニダッドで野外観察を行ったMagurran & Seghers (1994b)によると，440個体，総計22時間に及ぶ観察の間に，協力交尾が観察されたのはたった1回だったそうである。このようにメスに求愛してもほとんど受け入れてもらえない場合，オスは求愛ではなく，強制交尾によって配偶を試みるようになる

だろう。ここでメスとオスの間に1つの対立関係が生じる。原産地での野外調査によると，メスは頻繁にオスからトラストを受けており，特に捕食のリスクの高い生息場所では平均して1分間に1回のトラストを受けているそうである(Magurran & Seghers 1994b)。近くに捕食者がいる場合，メスは捕食者に多くの注意を向けることから，オスに対する警戒が減少し，その結果オスからのトラストを避けることができないらしい(Magurran & Nowak 1991)。

強制交尾はもとよりメスの望むものではないが，さらにこれだけ頻繁にオスからトラストを受けていると，メスの他の行動にも影響が及ぶことが考えられる。実際，メスだけでいるよりも，オスと一緒にいた場合のほうが，メスの採餌時間が減少することが報告されているが，これはメスがオスからのトラストを避けて逃げるために採餌場所を離れざるをえないことが理由のようである(Magurran & Seghers 1994a)。特に，捕食リスクの高い生息場所では，メスはオスに頻繁にまとわりつかれてトラストなどを受けるために採餌に費やす時間が減少しており，捕食リスクの少ない生息場所のメスに比べて採餌時間は60〜80%でしかなかった(Magurran & Seghers 1994b)。メスとしては十分に餌を食べて子をたくさん産むことが適応度の向上に重要であるが，オスにとってはチャンスがあればとにかくメスと交尾して少しでも自分の子を残す機会を高めることが優先事項であることから，配偶をめぐってこのようなメスとオスの対立が生じるのだろう。採餌時間だけでなく，オスから頻繁にトラストなどを受けることにより，捕食者への注意力がそがれ，そのためにメスに対する捕食のリスクも増大するかもしれない。もしそうであれば，捕食リスクの高い生息場所ほどオスのトラストが多いことから，そのような環境でのメスとオスの対立関係は相当に熾烈なものになるだろう。

オスからの強制交尾に，メスは泣き寝入りするしかないのであろうか？最近の研究によれば，メスがオスの強制交尾に対抗していることが明らかになりつつある。例えば，協力交尾と比べ，強制交尾ではメスは少量の精子しかオスから受け取らないようにしているらしい(Pilastro & Bisazza 1999)。

強制交尾の際に，メスがどうやって受け取る精子の量を少なくしているのか，実に興味深い点であるが，それについては106頁で述べる。

3-2　大きなオスに対するメスの好みと，オスの騙し

　グッピーのメスは配偶相手を選ぶ際，オスのさまざまな形質，例えばオレンジスポットの派手さや求愛頻度，体の大きさなどを指標にしていることが知られている（Houde 1997 の総説を参照）。配偶者選択によって，メスが得られる利益には直接的利益と間接的利益がある。グッピーの場合，オスはメスに餌などの物質的貢献をすることはなく，子育てもしないことから，メスはこれらの直接的利益ではなく，オスからの子への遺伝的貢献，すなわち間接的利益を主に得ていると考えられている。Reynolds & Gross (1992) は，大きなオスに対するメスの選り好みによる間接的利益を検証した。彼らが調査したトリニダッドの Quaré 川の個体群では，メスは全長の大きなオスを選り好んでいた。そして，メスに好まれていた大きなオスの子は成長が早く，体サイズが大きくなり，また娘の繁殖能力（最初の二腹分の子の総重量）も大きかった。グッピーの体サイズは親から子へと遺伝することから（Brooks & Endler 2001; Karino & Haijima 2001），大きなオスの子は，オス親の体サイズを受け継いで大きくなり，体サイズの増加に伴ってメスの繁殖能力も向上したのだろう。したがって，全長の大きなオスを配偶相手に選んだメスの適応度は向上すると考えられる。

　しかし，大きなオスへのメスの選り好みに対し，オスがメスを騙すこともあることが，私の研究室での実験結果から示唆された。私たちが調査対象にしている沖縄本島北部の比地川に生息している野生化グッピー個体群では，原産地と同じようにオスの尾鰭の長さに個体差が見られる（Karino & Haijima 2001；図3-1）。長い尾鰭は泳ぐのに邪魔になるだろうし，捕食者に襲われた場合は逃げにくくもなるだろう。しかし，そんなハンディキャップを背負っても生き延びている尾鰭の長いオスを，メスは配偶相手として好んでいるのではないかと考えたのがこの研究の発端だった（Karino &

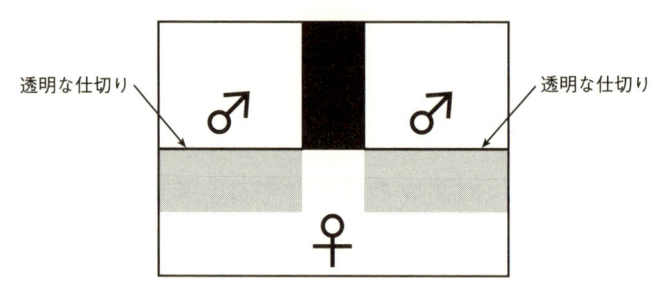

図 3-3　2個体のオスに対するメスの選好性を調べる二者択一実験装置　それぞれのオス区画前の選好範囲（アミ版部分）にメスが好んで近寄っていた選好時間を計測する（Karino & Matsunaga 2002 より改変）。

Matsunaga 2002)。体長やオレンジスポットなどの体形質がほぼ等しく，尾鰭の長さの異なるオスのペアを作成し，これらのオスを一緒に提示してメスの好みを調べる二者択一実験を行った。二者択一実験には，透明な仕切り越しにメスが双方のオスを見ることができ，またオスもメスを見ることができるが，オス同士の間には不透明な仕切りがあって，互いを認識できない実験装置を用いた（図 3-3）。これにより，オス間の競争などの干渉がメスの選好性に与える影響を排除することができる。このような仕切り越しのメス選択実験では，通常，それぞれのオスに対するメスの選好性は，各オス区画の前に設置した選好範囲にメスがいた時間，すなわちメスがそのオスを好んで接近していた時間で測定する（図 3-3）。グッピーの場合，このような装置でメスの選好時間を測定した後，直接にメスとオスを接触させて，メスがどちらのオスと交尾するかなどより実質的なメスの選択を観察すると，実際に選好時間の長かったオスとメスは高い頻度で交尾することが知られている（Houde 1997）。

また，左右の区画に入れたそれぞれのオスに対する好みではなく，単にメスが左，あるいは右側が好きなので，そちらに滞在する時間が長い可能性も考えられる。これはサイドバイアス（side bias）と呼ばれるが，左右の選好範囲にいた時間がサイドバイアスの影響かどうかを見るため，最初の選択実験が終了した後，左右のオスのポジションを交替し，同じメスに同

じペアのオスをもう一度提示して選択実験を繰り返す。この2回の実験での各オスに対する選好時間と，左右の選好範囲にメスがいた時間を合計したり，または平均することで，メスのそれぞれのオスに対する選好性，あるいはサイドバイアスにより，選好時間に偏りができたかを判断できる。このような分析の結果，Karino & Matsunaga (2002)をはじめ，私たちの研究室での二者択一実験では，いずれもメスが示した選好時間の差異は，サイドバイアスではなく，それぞれのオスに対するメスの選好性によるものであることが確認されている。

このようにして行った二者択一実験の結果，メスは尾鰭の長いオスのほうに好みを示し，尾鰭の長いオスに近寄っていた選好時間が長かった。次に，尾鰭の長さ以外の形質が影響していないか確認するため，双方のオスの尾鰭を切除した。切除する尾鰭の長さを調節することで，最初のときとはペアのオスの尾鰭長を逆転させた。なお，オスの尾鰭は切除しても1～2ヶ月で元の長さにまで戻り，また，切除後3日間の薬浴を行っている間に泳ぐ行動も通常と同じに復帰した。これらのオスを使って実験を行ったところ，オスの尾鰭長の逆転に伴ってメスの好みも逆転した (Karino & Matsunaga 2002)。この実験結果から，オスのオレンジスポットなど他の形質の影響ではなく，オスの尾鰭の長さがメスの選好性に影響を与えていることが示唆された。

ここまでは予測どおりだったが，ペアにしたオスの体長は等しいことから，尾鰭の長いオスは全長も大きかった。したがって，オスの尾鰭の長さと全長のいずれがメスの選択に重要なのかは，この結果だけでは分からない。メスの選択指標がどちらなのかを明らかにするため，さらに次の2つの実験を行った (Karino & Matsunaga 2002)。まず，全長が等しく，尾鰭長の異なるオスのペアを作成した。もし，メスの選択指標が尾鰭長なら，尾鰭の長いオスを好むはずである。次に，尾鰭長が等しく，全長が異なるオスのペアを作成した。メスの選択指標が全長なのであれば，全長が大きいオスが好まれるだろう。もちろん，これらのオスのペアはオレンジスポットなど他の体形質がほぼ等しい組み合わせの個体を選んだ。その結果，はじ

めの実験では尾鰭長の異なるオスのペアに対するメスの選好性に違いは見られなかった．それに対し，全長の異なるオスのペアの場合，全長の大きなオスにメスは明らかな好みを示し，選好時間が長かった（図3-4）．つまり，メスの選択指標はオスの尾鰭の長さではなく，全長の大きさだったのである．

　それでは，なぜオスは選択指標になっていない尾鰭を伸ばすのだろうか？1つの可能性として，尾鰭を伸ばすことにより少ないコストで全長を大きく見せていることが考えられる．実際に，グッピーと同じカダヤシ科のソードテール *Xiphophorus helleri* では，オスの尾鰭を伸ばすコストは体を大きくするコストよりも小さいことが示唆されている（Basolo 1998）．グッピーのオスのなかには体長を大きくするよりも尾鰭を伸ばすことで，低コストで全長を大きくし，メスに配偶相手として選ばれようとしている個体がいるのだろう．しかし，メスの立場で考えると，体が小さく尾鰭の長いオスと，体が大きく尾鰭の短いオスとでは，たとえ全長が同じであっても配偶して得られる利益に差があるのではないだろうか？　オス親の体サイズは

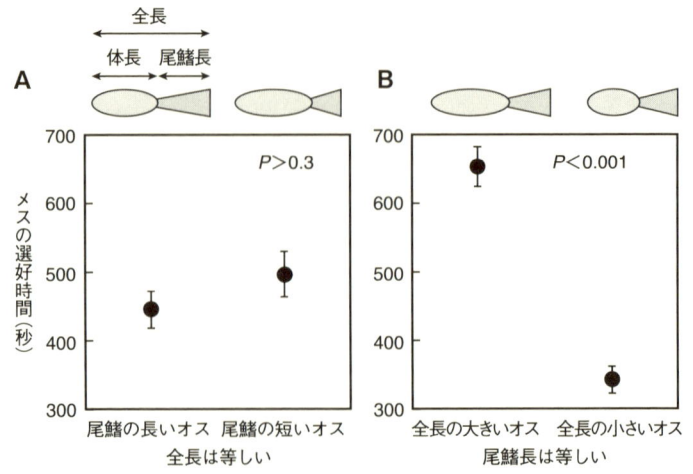

図3-4　オスの尾鰭の長さと全長に関するメスの好み　各オスに対するメスの選好時間の平均値と標準誤差を示す．メスはオスの尾鰭の長さではなく，全長の大きさで配偶相手を選んでいた（Karino & Matsunaga 2002 より改変）．

子へと遺伝することから（Brooks & Endler 2001; Karino & Haijima 2001），尾鰭が長くても体の小さいオスの子の体サイズは小さくなると考えられる。特に，オスと違って尾鰭が伸長しない娘は小さくなってしまうのではないだろうか。全長の大きなオスに対するメスの好みの間接的利益を実証したReynolds & Gross（1992）の研究では，実験に使ったオスの尾鰭長は体長と高い相関関係があったことから，全長が大きいオスは体長も大きく，その形質が子へと遺伝して早い成長を示したのだろう。

　グッピーのオスの長い尾鰭が，全長を大きく見せてメスに好まれるための騙しだとすると，上述のように尾鰭は長いが体長の小さなオスと配偶した場合，メスの間接的利益は減少すると考えられる。そこで，全長が等しく，尾鰭長と体長の異なるオスのペアを作成し，それぞれとメスを配偶させてみた。メスの遺伝的影響を最小限にするため，ペアのオスそれぞれと配偶させるメス2個体は同腹の姉妹で体サイズに差のないものを選んだ。その結果，尾鰭が短く体長の大きなオスと配偶したメスに比べて，尾鰭が長く体長の小さなオスと配偶したメスが産んだ娘は成長が悪いうえに，産子数も少なく，また生まれた子の体サイズも小さいと繁殖能力が低いことが明らかになった（Karino et al. 2006b）。したがって，尾鰭の長いオスと配偶した場合，娘を介したメスの配偶者選択の利益は減少すると考えられる。一方，オスの尾鰭長は息子には遺伝することから（Karino & Haijima 2001），尾鰭が長いオスの息子の尾鰭は伸長し，尾鰭が短いオスの息子よりも全長が大きかった（Karino et al. 2006b）。

　娘が小さくて繁殖能力も低くなってしまうという，尾鰭の長いオスに騙されるメスのコストはかなりのものと考えられる。そんなコストがあるのにメスは尾鰭の長いオスを見破れないのだろうか？　Karino & Matsunaga（2002）の二者択一実験では，雌雄の間は透明なガラスで仕切られ，メスとオスは視覚的に認識できるが直接には接触できなかった。だが，オスと直接接触すれば，メスはオスの尾鰭の長さを識別できる可能性が考えられる。そこで，全長が等しく，尾鰭長の異なるオスのペアを作成し，メスと直接接触させてみた（Karino & Kobayashi 2005）。この場合も，オレンジ

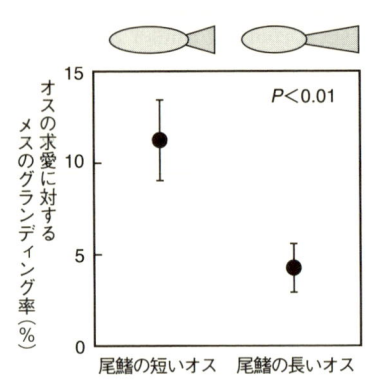

図3-5　オスの尾鰭の長さを識別して避けるメス　　平均値と標準誤差を示す。グライディングの段階で尾鰭の長いオスを避けるようになる（Karino & Kobayashi 2005 より改変）。

　スポットなどのオスの他の形質はほぼ等しい組み合わせにした。ただし，オス間の干渉をさけるため，ペアにしたオスを同時にメスと接触させるのではなく，それぞれのオスを単独でメスと接触させる逐次法で実験を行った。メスからすると2個体のオスと入れ替わり立ち替わり出会うことになる。また，オスと出会った順序がメスの行動に影響を与える可能性を排除するため，オスの順序をかえて2回実験を行い，その合計値で判断した。実験の結果，メスはオリエントの段階では尾鰭の長さの異なるオスを識別しておらず，尾鰭の長いオスにも短いオスにも同じような反応を見せていた。しかし，配偶の次のステップであるグライディングになると，尾鰭の長いオスを明らかに避けるようになった（図3-5）。間近でオスと接触し，慎重に見極めることで，メスは尾鰭の長いオスを識別し，オスの騙しを回避していると考えられる。

　一方，長い尾鰭をメスに見破られてしまったオスはどうするかというと，強制交尾を頻繁に試みるのが観察された（Karino & Kobayashi 2005）。メスに受け入れられやすい尾鰭の短いオスに比べると，尾鰭の長いオスはメスに対する求愛の頻度が少なく，トラストの頻度が高かった（図3-6）。求愛してもグライディングの段階でメスに嫌われてしまう尾鰭の長いオスは，

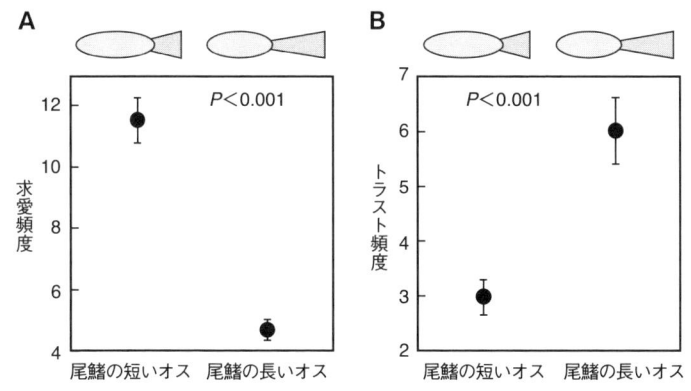

3-2 大きなオスに対するメスの好みと,オスの騙し　　91

図 3-6 尾鰭の短いオスはメスに頻繁に求愛するのに対し,尾鰭の長いオスは強制交尾のためのトラストの頻度が高い　平均値と標準誤差を示す(Karino & Kobayashi 2005 より改変)。

　強制交尾によって配偶のチャンスを増大させているのだろう。オスの尾鰭の長さは遺伝することから,尾鰭の長いオスが示す高い強制交尾の頻度にも遺伝的な影響がある可能性も考えられる。しかし,尾鰭長の異なるオスをペアにし,尾鰭を切除して尾鰭長を逆転させてみると,オスの求愛とトラストの頻度も逆転した。つまり,もともとは尾鰭の長いオスの尾鰭を短くしてみると,尾鰭を切除する前とは異なり,求愛を頻繁に行うようになり,トラストの頻度が減少した(Karino & Kamada 2009)。どうやらオスは自分の尾鰭の長さを認識しており,尾鰭の長さ,つまりメスからの受け入れられやすさに応じて,求愛と強制交尾の頻度を調節しているようである。
　もう1つの可能性として,これらの研究を始めた当初に想定していたように,オスの尾鰭の長さは遊泳能力に影響しており,尾鰭が長く,遊泳能力の低いオスは負担の少ないトラストを頻繁に行わざるをえなかったということも考えられる。オスの尾鰭の長さと遊泳能力の関連を調べるため,容器内を流れる水の流速を変えることのできる装置を作成し,オスの遊泳能力を検証した。予測どおり,尾鰭の長いオスは流速が遅い場合にしか自由に泳ぐことができず,遊泳能力が低いことが明らかになった(Karino et al. 2006c)。しかし,グッピーのオスにとって求愛と強制交尾とではどちら

が遊泳の負担が少ないかはまだ明らかになっていない。求愛の場合は，オスはメスの前方や側方まで泳いでいって，それから鰭を広げて体をS字状にして体を震わせる。時には，メスと向き合うようなポジションからオスが跳ねるように後ろに下がる行動も見せる。一方，強制交尾の場合は，オスはメスの後方から急速に接近して交尾を試みる。いずれの行動においても，オスにとってはある程度の遊泳能力が必要とされそうである。Magellan & Magurran (2006) は，実験室において容器内の水の流速を変える実験で，グッピーのオスは流速が早くなると求愛の頻度を減少させるが，トラストの頻度を増加させたことを報告した。この結果だけを見ると，求愛よりもトラストのほうがオスにとっては遊泳のコストが少なくて済むのではないかと考えさせられる。しかし，Magellan & Magurran (2006) の野外での観察によると，流速の早い区域ほどオスの求愛が少なかったが，室内実験とは異なり，流速の早い区域ではオスのトラストの頻度も減少していた。

　オスは尾鰭が長いと遊泳能力が低くなるため，遊泳コストの少ない強制交尾を頻繁に試みるのか，それとも配偶プロセスのなかでメスに尾鰭の長さを見破られて避けられてしまうため強制交尾の頻度が高くなるのか，も

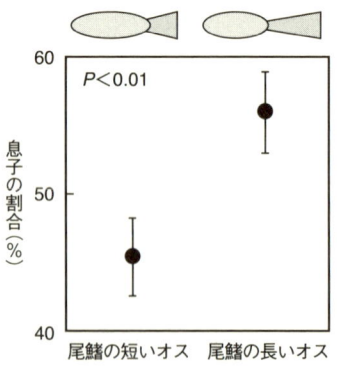

図 3-7　一腹の子のうちの息子の割合　　平均値と標準誤差を示す。尾鰭の短いオスと交尾したメスに比べ，尾鰭の長いオスと交尾したメスは子の性比を息子偏りにする (Karino et al. 2006a より改変)。

3-2 大きなオスに対するメスの好みと，オスの騙し   93

```
┌─────────────────────────────────┐
│ 全長の大きなオスに対するメスの好み │
└─────────────────────────────────┘
    間接的利益              ↓
      子の成長の向上
      娘の繁殖向上      ┌──────────────────────┐
                      │ 長い尾鰭によるオスの騙し │
                      └──────────────────────┘
                          少ない成長コストで
    騙されるコスト        全長を大きく見せる
      娘の成長・繁殖低下  ↓
    ┌──────────────────────┐
    │ 直接接触によるメスの見破り │
    └──────────────────────┘
      グライディングの段階で
      尾鰭の長いオスを避ける ↓
              ┌────────────────────────────┐
              │ 受け入れないメスに対するオスの強制交尾 │
              └────────────────────────────┘
                  尾鰭の長いオスは求愛を少なく，
                  強制交尾を多く試みる
                  ↓
    ┌──────────────────┐
    │ メスによる子の性比調節 │
    └──────────────────┘
      尾鰭の長いオスと交尾したメスは
      全長が大きくなり，高い配偶成功
      を見込める息子偏りで産子する
```

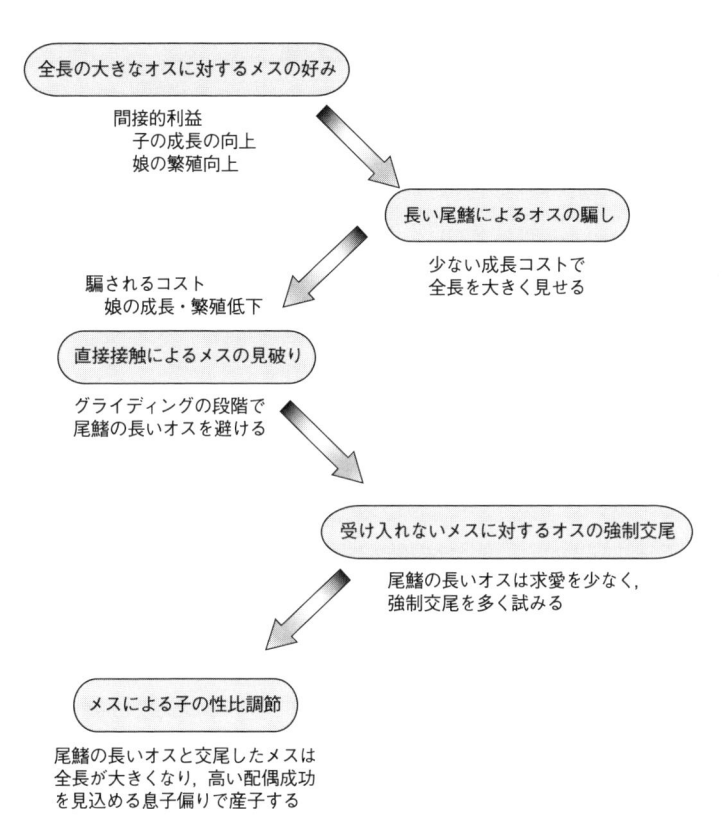

図 3-8 全長の大きなオスに対するメスの好みと，尾鰭を長くするオスの騙しをめぐるメスとオスの対立の模式図

しくはその両方の影響なのか，それを明らかにするにはさらに検証が必要であろう。

　強制交尾をされたり，あるいはまんまと騙されて協力交尾をしてしまったとしても，尾鰭の長いオスと配偶したメスはさらなる対抗策を用意していた。交尾後のメスの対抗戦略を検証するため，全長やオレンジスポットなどが等しく，尾鰭長の異なるオスをペアにして，それぞれを処女メスと同じ容器に入れて配偶させ，メスに産子させた (Karino et al. 2006a)。ペアのオスと配偶させた処女メスは同腹の姉妹で，体サイズに差のない組み合わせにした。生まれてきた子の性比を比較したところ，尾鰭の短いオスと

配偶したメスに比べ，尾鰭の長いオスと配偶したメスは，子の性比を息子偏りにして産子していた（図3-7）。尾鰭の長いオスの娘は小さく繁殖能力も低いが，息子は尾鰭が長く全長が大きくなる。Karino et al. (2006b) の結果では，尾鰭の長いオスと短いオスの息子の体長には差がなかったことから，尾鰭の長いオスの息子のほうがメスに対する性的魅力は高いと考えられる。尾鰭の長いオスと配偶したメスは，繁殖能力が低い娘を少なくし，全長が大きく，高い配偶成功を見込める息子を多く産むことで，自分の適応度をできるだけ向上させていると考えられる。

　大きなオスに対するメスの好み，それに対して尾鰭を伸ばして全長を大きく見せるオスの騙し，オスの長い尾鰭を見破るメスの対抗，受け入れてくれないメスに対するオスの強制交尾，尾鰭の長いオスと交尾したメスによる子の性比調節…　グッピーのメスとオスが互いに対抗戦略をエスカレートさせていく一面が見える（図3-8）。

3-3　オスのオレンジスポットに対するメスの選り好み

3-3-1　オスのオレンジスポットを基にしたメスの選択とその利益

　原産地，および各地の野生化個体群のいずれにおいても，多くのグッピー個体群で，メスは配偶相手を選ぶ際にオスのオレンジスポットの大きさや鮮やかさを指標としていることが知られている（Houde 1997 の総説を参照）。したがって，グッピーのメスにとって，オスのオレンジスポットは配偶者選択の際の評価基準として重要であり，オレンジスポットの大きなオス，あるいは鮮やかなオスと配偶することで何らかの利益を得ていると考えられる。ここでは，グッピーのオスのオレンジスポットがどういう意味をもったシグナルであり，メスはそれを配偶者選択の指標とすることでどのような利益を得ていると考えられるか，簡単にまとめてみたい。

3-3-2　オレンジスポットの大きさ

　グッピーのオスにおけるオレンジスポットの大きさは高い遺伝率を示す

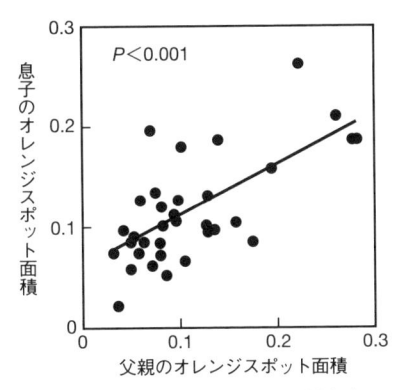

図3-9 オスのオレンジスポット面積(体面積当たりの割合をアークサイン変換)の遺伝率 (h^2±標準誤差＝1.02±0.22)　父親-息子回帰直線を示す(Karino & Haijima 2001より改変)。

ことが知られている(Houde 1992; Brooks & Endler 2001; Karino & Haijima 2001)。体サイズの個体差の影響を排除するため，通常，オスのオレンジスポットの大きさは体側の面積に占める割合として示されるが，父親と息子のオレンジスポットの大きさを親子回帰分析してみると高い相関を示す(図3-9)。オスのオレンジスポットの大きさがどの程度遺伝しているかを調べてみると，遺伝率 h^2 が1を越えることもしばしばあるが，これは伴性遺伝の可能性を示している(Houde 1992)。グッピーの性決定様式はXY型であり，性染色体の組み合わせがXXの場合はメスになり，XYの場合はオスになる(Houde 1997)。オスのオレンジスポットを形作る遺伝子の相当部分がY染色体上にあるのだろう。したがって，メスはオレンジスポットの大きなオスを配偶相手とすることで，息子のオレンジスポットを大きくし，性的魅力を増大させることができると考えられる。

　オレンジスポットの大きなオスと配偶することで得られるメスの利益はこれだけではない。オレンジスポットの大きさがさまざまなオスと，メスを配偶させて得られた子を捕まえる実験をしたところ，オレンジスポットの大きなオスの子は捕獲されるまでに長い時間がかかり，捕獲を逃れる能力が高いことが明らかになった(Evans et al. 2004)。この実験では，バイアス

がかからないように研究に関係のない第三者の人間が捕獲役を務めたが，自然状態でもオレンジスポットの大きなオスの子は捕食者から逃れる能力が高いと考えられる。

また，オレンジスポットの大きなオスの精子は遊泳速度が速く，生存力も高いことが報告されている (Locatello et al. 2006)。もし，この研究を行ったLocatello et al. (2006) が考えているように，遊泳速度や生存力といった精子の形質も，オスのオレンジスポットの大きさのように子へ遺伝するのであれば，オレンジスポットの大きなオスと配偶したメスの息子は高い精子競争能力を持つことが期待できる。さらに，オレンジスポットの大きなオスは多くの精子を持っていることも明らかにされている (Pitcher et al. 2007)。これらの研究結果から，オレンジスポットの大きなオスは質の高い精子を多量に持っており，メスはそのようなオスを配偶相手に選ぶことで卵の受精率を高めるという直接的利益も得ているのかもしれない。しかし，後述するように，グッピーの場合，オスが持っている精子の量は，交尾の際にメスに渡せる精子の量とは関連がなく，さらにメス体内での受精成功にもあまり関与していない可能性が高い。

3-3-3 オレンジスポットの鮮やかさ

オスのオレンジスポットの鮮やかさは，多くの場合，彩度という単位で数量化され，彩度の値は高いほど鮮やかであることを示す。遺伝的影響の強いオレンジスポットの大きさと異なり，グッピーのオスのオレンジスポットの鮮やかさは条件依存型形質であり，カロテノイドにより発色する (Kodric-Brown 1989; Grether 2000; Karino & Haijima 2004)。動物は体内でカロテノイドを合成できないため，摂取した餌からカロテノイドを得なければならない。グッピーの場合，生息地の河床に生える緑藻などの藻類が主なカロテノイド源となっており，藻類を多く摂取したオスはオレンジスポットが鮮やかになる (Grether et al. 1999; Karino & Haijima 2004)。餌の藻類がオスのオレンジスポットの鮮やかさにどのような影響を与えているか実験してみたところ，餌に藻類を加えなかったコントロールのグループのオス

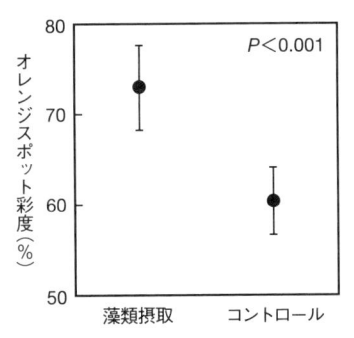

図 3-10　オスのオレンジスポットの鮮やかさ（彩度）　平均値と標準誤差を示す。藻類を摂取することで鮮やかになる（Karino & Haijima 2004 より改変）。

に比べ，藻類を餌に加えたグループのオスはオレンジスポットの彩度が高く，鮮やかになっていた（図 3-10）。しかし，多くの生息地では藻類は希少な餌資源である（Grether et al. 1999）。したがって，希少な藻類を探索し，摂取する能力の高いオスほどオレンジスポットが鮮やかになると示唆されていた（Kodric-Brown 1989）。

　そこで，オスのオレンジスポットの鮮やかさと藻類採餌能力の関連を検証してみた。まず，私たちのフィールドである比地川の単一の地点でオスを採集した。採集後，すぐにデジタルカメラでオスを撮影し，その画像を基にオレンジスポットの彩度を計測した。なお，撮影の際，周りの光など環境の違いによる誤差を最小限にするため，2 方向の定点からライトを照射する撮影台を用いた。ちなみに，実験室での撮影も同様の撮影台を用いて行っている。さらに，麻酔したオスを入れて撮影するシャーレの底面に，赤色のテープを貼っておき，それをコントロールとすることで，計測時の微少な誤差も補正している。そのようにして撮影した後，オスは研究室に持ち帰り，藻類採餌能力を計測した。藻類採餌能力を計測するため，水槽に不透明な仕切りをセットして簡単な迷路装置を作成し（図 3-11），スタート地点からは見えないゴールにプラスチックのメッシュシートに繁茂させた藻類を設置した。そして，スタート地点から出発したオスが藻類にたどり着き，採餌するまでの時間を計測した。その結果，野外でオレンジスポッ

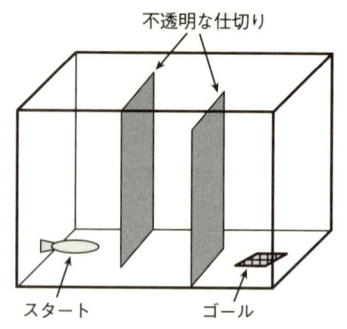

図 3-11　藻類採餌能力を検証するための迷路実験装置の模式図　ゴール地点に置いた藻類にたどり着き，採餌するまでの時間を計測した (Karino et al. 2007 より改変)。

トの彩度が高いオスほど，迷路実験で藻類を採餌するまでの時間が短いことが明らかになった (Karino et al. 2007)。予測されていたとおり，オレンジスポットの鮮やかさは，そのオスの藻類採餌能力を示していたのである。

　もし，オスの藻類採餌能力が子へと遺伝しているのであれば，メスはオレンジスポットの鮮やかなオスを配偶相手に選ぶことで，子の藻類採餌能力を高めるという間接的利益を得ていることになる。この仮説を検証するため，上述の迷路実験装置を用いてオスの藻類採餌能力を測定した。その後，そのオスとメスを配偶させて子をつくり，成長した子の藻類採餌能力も父親と同様に計測した。そして，親子回帰分析をした結果，藻類採餌能力の遺伝率は 0.62 ± 0.18 (標準誤差) と高い値を示すことが明らかになった (Karino et al. 2005)。メスはオレンジスポットの鮮やかなオスを選ぶことで，そのオスの高い藻類採餌能力を受け継いだ子をつくることができるだろう。そして，藻類採餌能力の高い息子はオレンジスポットを鮮やかにすることができるため，メスへの魅力が高くなり，配偶に有利と考えられる。

　カロテノイドは神経系や免疫系，消化系など，動物のさまざまな生理的機能に重要な役割を果たしていることが知られている (Olson & Owens 1998)。したがって，子の藻類採餌能力を高めることは息子のオレンジスポットを鮮やかにするだけでなく，子の生存や成長，健康や繁殖など，多様な側面で利益がありそうである。グッピーの成長や繁殖に対する藻類摂

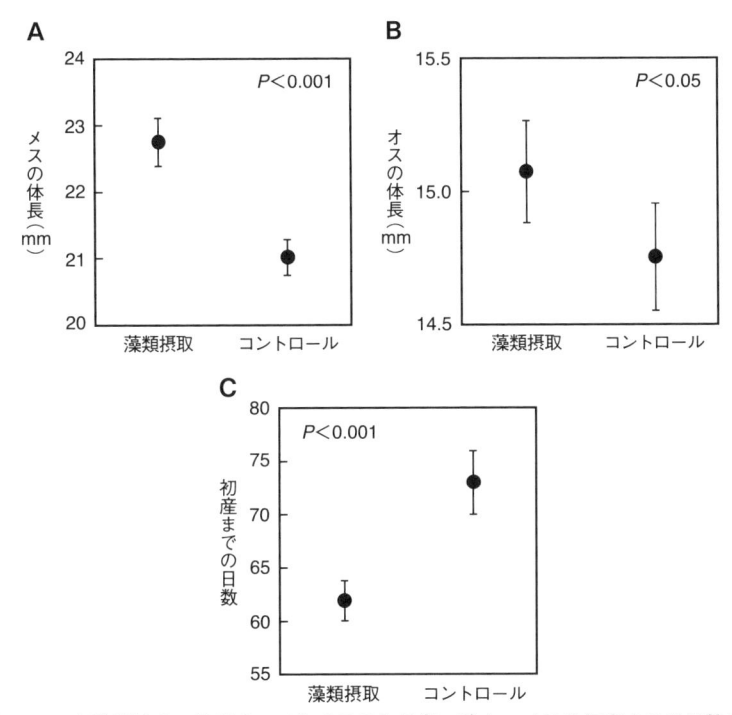

3-3 オスのオレンジスポットに対するメスの選り好み　　　　　　　　　　99

図 3-12　実験開始 3 ヶ月後のメスとオスの体長 (A, B) と，メスの初産までの日数 (C)
平均値と標準誤差を示す。成長，メスの繁殖ともに藻類摂取により向上する (Karino & Haijima 2004 より改変)。

取の影響を検証するため，両親を同じくする同腹の子を，ほぼ体サイズの等しい 2 つのグループに分け，一方のグループには餌に藻類を加えて育てた。もう一方のグループは，藻類を含まない餌を与えてコントロールとした。藻類以外の餌の量を調節することで，2 つのグループが摂取するエネルギー量は等しくなるようにした (Karino & Haijima 2004)。そして，実験開始 3 ヶ月後に体サイズを比較してみると，メス，オスともに藻類を摂取したグループのほうがコントロールよりも大きくなっていた (図 3-12)。また，実験開始からメスの初産までの日数は藻類を摂取したグループのほうがコントロールよりも短く (図 3-12)，また初産と 2 回目の産子までの間隔も藻類を摂取したメスのほうが短かった (Karino & Haijima 2004)。藻類に

含まれるカロテノイド，および食物繊維などによってさまざまな生理的活性が向上したことにより，藻類を摂取した個体は成長が早くなり，メスの繁殖効率も良くなったのだろう。したがって，オレンジスポットの鮮やかな，藻類採餌能力の高いオスを選ぶことで，メスは子の成長や繁殖を向上させることができると考えられる。

　グッピーの免疫機能に対するカロテノイドの影響を調べるため，Grether et al. (2004) は，一方にはカロテノイドを餌として多く与え，もう一方には少量しか与えなかった2つのグループを作成し，他個体の鱗を皮膚に移植して両者の免疫機能を比較する実験を行った。その結果，カロテノイド摂取量の多いグループのオスは，摂取量の少ないグループのオスに比べて，免疫機能が高いことが明らかになった。しかし，メスでは2つのグループの間に免疫機能の差異は認められなかった。オスと違って，メスはオレンジスポットの発色にカロテノイドを配分しなくてもよいので，摂取カロテノイド量の少ないグループのメスでも，他個体の鱗の移植に対して十分に免疫機能を発揮できたのではないかと Grether et al. (2004) はこの結果を解釈している。オレンジスポットの鮮やかな，藻類採餌能力の高いオスを配偶相手として選ぶことで，メスは少なくとも息子の免疫機能を高められる見込みの大きいことをこの実験の結果は示している。

　グッピーのオスに寄生虫を寄生させてみると，寄生されていないオスに比べてオレンジスポットの彩度は低くなり，鮮やかではなくなる (Houde & Torio 1992)。その結果，寄生されているオスはメスに好まれなくなってしまう。また，オスのオレンジスポットの鮮やかさは遊泳能力と正の相関を示すことも報告されている (Nicoletto 1991)。遊泳能力の高さは，そのオスの健康状態やスタミナなどを示していると考えられる。したがって，オレンジスポットの鮮やかなオスを選ぶことで，メスは不健康で寄生されているオスからの寄生虫感染を防ぐという直接的利益を得ている可能性がある。また，オスの寄生虫耐性や健康を保つ生存力が遺伝形質なら，メスはそれらを子に受け継がせるという間接的利益も得ている可能性があるが，これらの可能性に関してはいまだ検証されていない。

3-4　オスのオレンジスポットと体サイズの相対的重要性

　これまで述べてきたように，オスのオレンジスポットの大きさと鮮やかさ，いずれにおいても配偶者選択の指標とすることで，メスのグッピーはさまざまな利益を得ていると考えられる。そのためか，メスの配偶者選択に関し，もう一方の選択指標であるオスの全長と比べて，オレンジスポットはより重要な選択指標となっている（Karino & Urano 2008）。

　メスの配偶者選択に対するオスのオレンジスポットと全長の相対的重要性を調べるこの研究のような場合は，オスの他の形質がメスの選好性に与える影響を排除しなければならない。目的とする形質だけが異なり，オスの他の形質を均一にすることにより，メスの選好性を厳密に調べることができるツールとして，近年はオスのデジタル動画像をソフトウエアを使って操作する実験手法が使われている（Rosenthal 1999; Rowland 1999）。

　私たちが研究している沖縄の個体群でも，この手法を用いてオスに対するメスの選好性が十分に検証できることが明らかにされている（Sato & Karino 2006）。まず，メスを入れた容器のすぐ脇にデジタルビデオカメラを置き，透明な仕切り越しにオスに見せる。オスはメスに求愛行動を示すが，それはすぐ脇のビデオにもメスから見るのと同様に映る。そのようにして，求愛しているオスの動画像を撮影する。その動画像をコンピュータに取り込み，画像を複製し，一方の動画像ではオスのオレンジスポットの彩度を高め，もう一方の動画像では彩度を低くする。すると，体サイズや行動が全く同一で，オレンジスポットの彩度だけが異なる2つのオス動画像が得られる。メスを入れた実験水槽の横に置いたモニターの左右から，これらの2つのオス動画像を同時にメスに提示して，どちらのオスを好むか二者択一実験をすれば，オレンジスポットの鮮やかさの重要性を明らかにできる。オスのデジタル動画像を用いたこのような二者択一実験でも，最初の実験の後に左右のオスの画像を入れ替えて，同じメスにもう一度提示して選好性を見ることでサイドバイアスの影響を排除できる。

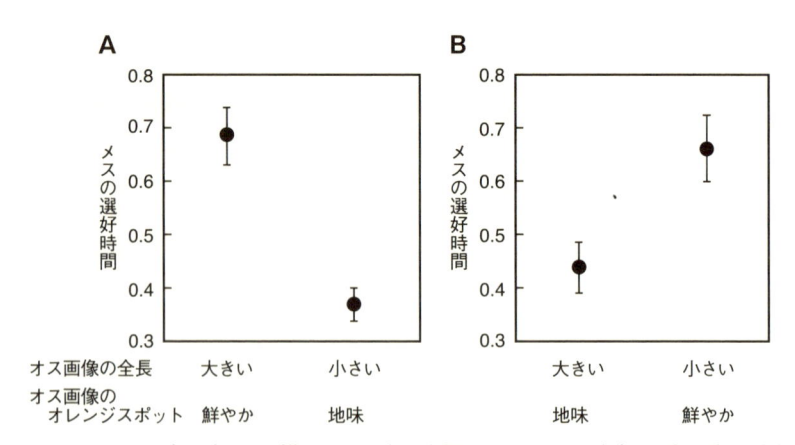

図3-13 オレンジスポットの鮮やかさと全長を操作したオスのデジタル動画像に対するメスの好み メスの選好時間はそれぞれのオス画像に対する選好時間の相対値をアークサイン変換した値。平均値と標準誤差を示す（Karino & Urano 2008 より改変）。

　Karino & Urano (2008) では，同一のオスの複製動画像を操作するのはSato & Karino (2006) と同様であるが，オレンジスポットの鮮やかさだけではなく，全長も異なるペアのオス画像を2組作成した。最初のペアでは，一方のオス画像の全長を大きく，オレンジスポットを鮮やかにし，他方のオス画像の全長を小さくし，オレンジスポットの彩度を下げた。これらのオス画像を提示すると，当然ながらメスは全長が大きく，オレンジスポットの鮮やかなオスを好んだ (図 3-13)。次のペア画像では，一方のオスの全長を大きくし，オレンジスポットの彩度を下げ，他方のオスの全長を小さくし，オレンジスポットを鮮やかにした。これらのオス画像を提示すると，メスは全長が小さくてもオレンジスポットの鮮やかなオスを好むことが明らかになった (図 3-13)。二要因分散分析の結果，オレンジスポットの鮮やかさがメスの選好性に与える影響が有意だったのに対し ($P<0.001$)，全長の影響は有意ではなかった ($P>0.3$)。したがって，メスの配偶者選択に関して，オスの全長よりも，オスのオレンジスポットの鮮やかさのほうが重要な指標であることが分かる。オスの全長の場合，尾鰭の長いオスというメスに対する騙しがしばしば混入するのに比べ，オレンジスポットの

鮮やかさはそのオスの質を示す指標としてより正直で正確なシグナルなので，メスの配偶者選択において重要視されるのだろう。ただし，オスのオレンジスポットの大きさに関しては，次に示すようにオスの騙しが含まれている可能性が指摘されている。

3-5　オレンジスポットとオスの騙し

　1990年代から，配偶者選択研究において左右相称性のゆらぎ (fluctuating asymmetry; FA) が一頃大いにはやったことがある。多くの動物は左右相称であるが，左右の形質が完全に同じではなく，左右で多少ずれることがある。このずれ，すなわちFAは，遺伝的変異の喪失などの遺伝的なストレスに起因するもの，あるいは栄養状態の悪さなど環境からのストレスを受けたこと，あるいはストレスへの耐性の弱さを示すと考えられている (Møller & Swaddle 1997)。したがって，形質がより左右相称な個体であり，FAの小さな個体ほど，遺伝的なストレスが小さく，環境からのストレスを受けていない，耐性のある個体であり，配偶者として適切であるというのがこの仮説である。多くの実証的研究が行われたが，FAの小さいオスが好まれるという仮説を支持する結果，およびメスはオスの形質のFAを配偶者選択の指標としていないという仮説を支持しない結果のいずれも多く，現在この仮説はさまざまな疑問を投げかけられており，FAの研究は下火となっている。

　Gross et al. (2007) は，グッピーのメスの配偶者選択に対するオスのオレンジスポットのFAの影響を検討した。その結果，メスはオレンジスポットの大きなオスを好んではいるが，オレンジスポットの大きさのFAはメスの選択指標になっていないことが明らかになった。しかし，この研究で興味深かったのは，メスの選択よりもオスの行動のほうである。オレンジスポットのFAの小さなオスは求愛の際に左右の体側面をほぼ等しい頻度でメスに見せていたのに対し，FAの大きなオスほど求愛の際に右側面を見せる頻度と左側面を見せる頻度の差が大きかったのである。左側のオレン

ジスポットが右側よりも大きなオスは左側面を見せて頻繁に求愛するのに対し、右側のオレンジスポットが大きなオスは右側面を見せて求愛する頻度が高かった。つまり、オレンジスポットのFAの大きなオスは、よりオレンジスポットが大きい、見た目の良い側面ばかり見せてメスに求愛していたのである。

　しかし、これは生きたメスが相手のときだけ見られる行動で、死んだメスを使った実験では、オスのオレンジスポットのFAと求愛の左右性の関連は見られなかった。したがって、オレンジスポットのFAの大きなオスがどちらの体側面を見せて求愛するかというこの行動は、オスがもともと持っていた傾向ではなく、相手となるメスの反応により引き起こされるのだろう。FAの大きなオスの求愛では、オレンジスポットの小さな体側面よりも大きな体側面を見せたときのほうがメスの反応が良いため、オスはより強いメスの反応を引き起こせる、見た目の良い側面での求愛を頻繁に行うようになったと考えられる。しかし、メスのオリエント行動ではオレンジスポットの大きな側面に強く反応するという予測されたような結果は見られなかったことから、メスのどのような反応がオスの求愛行動の左右性を引き起こしているか今のところ不明である。

　この実験に使用したオスでは、体長とオレンジスポットの大きさ(左右両側面の合計値)には相関関係は見られなかった。一方、オレンジスポットのFA値は、体長、およびオレンジスポットの大きさのいずれとも負の相関関係を示した。これまで述べてきたように、体サイズの大きなオス、オレンジスポットの大きなオスのいずれにおいても、メスは配偶することで利益を得ていると考えられる。オレンジスポットのFAの大きなオスは、体長が小さく、またオレンジスポットも小さいので、メスにとっては配偶相手として質が低いということになるだろう。そんな質の低いオスが、オレンジスポットが少しでも大きく見える体側面を見せて求愛するというのは、質の高いオスを選びたいというメスの選り好みに対する一種の騙しと考えられるだろう。オレンジスポットのFAの大きなオスによるこの騙しがメスの選択にどの程度効果があるのか、また騙されたメスにはどのよう

なコストがあるのか，興味が持たれるところだがまだ検証されていない。

3-6 交尾の際のメスの選択

　他の動物と同じく，グッピーも1990年代まではメスとオスが交尾するまでの配偶者選択に研究の関心が集中していた。しかし，交尾中や交尾後に行われるメスの選択［通常，外からは見ることができないため，隠れたメスの選択（cryptic female choice）と呼ばれる］や，交尾後にメス体内で複数のオスの精子が卵への受精をめぐって争う精子競争の重要性がクローズアップされてくるにつれて（Eberhard 1996; Birkhead & Møller 1998），近年ではグッピーでも配偶後のメスの配偶者選択や精子競争の研究が盛んに行われるようになってきた。それら全てを紹介することはできないため，ここでは交尾前のメス選択の指標として重要なオスのオレンジスポットと，交尾中，交尾後のメスの選択との関連を中心に紹介していきたい。

　まず，交尾の際であるが，Pilastro et al.(2002)はグッピーのメスとオスを交尾させた後，メスが受け取った精子の量を計測し，配偶相手のオスの形質との関連を調べた。メスが受け取った精子の量は，交尾したメスを麻酔し，ガラス製のマイクロピペットをメスの輸卵管に差し込んで，0.9％塩化ナトリウム溶液を注入することで回収し計測できる。その結果，メスはオレンジスポットが大きく魅力的なオスからは多くの精子を受け取っていることが明らかにされた。しかし，Pitcher et al.(2007)が報告しているように，オレンジスポットの大きなオスは生産する精子の量も多く，それゆえにメスに多くの精子を渡している可能性も考えられる。

　精子の量を調節しているのは受け取り側のメスか，渡す側のオスか，Pilastro et al.(2004)は巧みな実験設定でこの問題を解決した。まず，メスは，配偶する前に，透明な仕切り越しに配偶するオス（配偶オス）だけでなく，もう1個体の別のオス（刺激オス）を同時に提示される。この刺激オスには配偶オスよりもオレンジスポットの大きな個体，あるいは小さな個体を選ぶ。刺激オスのオレンジスポットが大きければ，配偶オスはメスにとっ

て魅力的ではなくなるだろう．対照的に，刺激オスのオレンジスポットが小さければ，配偶オスはより魅力的になる．つまり，同一の配偶オスの魅力を刺激オスによって相対的に変えていることになる．その後，刺激オスを隠し，メスと配偶オスを協力的に交尾させる．配偶オスには刺激オスが全く見えないことから，配偶オスがライバルと比べた自分の相対的魅力を知ることはない．配偶オスの相対的魅力を知っているのはメスだけである．したがって，相対的に魅力的な場合と，魅力的でない場合とで，同一の配偶オスがメスに渡した精子の量に差があれば，オスではなくメスの側が操作したことになる．

実験の結果，刺激オスのオレンジスポットが大きく，配偶オスの魅力が相対的に低い場合に比べ，刺激オスのオレンジスポットが小さく，配偶オスが相対的に魅力的な場合のほうが，メスが受け取った精子の量が多かった．この結果は，メスは配偶相手のオスの魅力に応じて受け取る精子の量を調節しており，魅力的なオスからは多くの精子を受け取っていることを示している．交尾中に授受する精子の量をオスの魅力によってメスが調節することにより，オレンジスポットの大きなオスを選り好むという交尾前のメス選択がさらに強化されていると考えられる．

では，どのようにしてメスは受け取る精子の量を調節しているのだろうか？　グッピーのメスがオスと交尾しているのはわずか1～2秒であるが，この短い時間にメスの戦略が発揮されている（Pilastro et al. 2007）．オスと交尾するメスをビデオで撮影し，そのビデオをコマごとに観察して交尾時間を0.04秒単位で測定した．その後，メスの輸卵管から精子を回収し，受け取った精子の量を計測した．すると，交尾時間とメスが受け取った精子量の間には相関関係が認められ，交尾時間が長いと（といっても最長で1.6秒程度であるが）受け取った精子の量が多いことが明らかになった．また，交尾時間はオスのオレンジスポットの大きさとも相関したことから，メスはオレンジスポットの大きな魅力的なオスとは交尾時間を長くすることでより多くの精子を受け取っていることが示された．

さらに，メスが受け取った精子の量に，交尾前にオスが持っていた精子

の量が影響しているかを調べるため，交尾後にオス体内に残っていた精子とメスが受け取った精子の量の合計値から，交尾前にオスが持っていた精子の量を推定した。この交尾前にオスが保持していた精子の量は，メスが受け取った精子の量とは関連がなかった (Pilastro et al. 2007)。多くの精子を持っているからといってオスは多量の精子をメスに渡せるわけではなく，受け取る精子の量はメスの一方的なコントロールの下にあるようである。

　オスの強制交尾に対抗して，メスは協力交尾のときよりも受け取る精子の量を少なくしていることを前に述べたが (Pilastro & Bisazza 1999)，これにも交尾時間が関係していた。協力交尾の場合，オスと交尾している時間は平均で 0.7 秒程度だったが，強制交尾での平均交尾時間はわずか 0.1 秒（注：論文中では 0.01 秒と書いてあるが，図表から判断するかぎり 0.1 秒のほうが正しいと思う）でしかなかった (Pilastro et al. 2007)。

　どうやらグッピーのメスは，オレンジスポットが大きい好みのオスとの協力交尾の場合は交尾時間を長くしたり，オスを受け入れていないにもかかわらず強制的に交尾された場合は交尾時間を短くしたりして，交尾中に受け取る精子の量を積極的に調節しているらしい。

3-7　交尾後のメスの精子選択と産子調節

3-7-1　メスの受精調節と精子競争

　グッピーのメスは体内で卵を受精させる前に複数のオスと交尾することが多い。オスを受け入れる処女メス，あるいは出産直後のメスは，1 時間に数回の交尾を行うことも珍しくない。複数の異なるオスと交尾することは，メスにとって利益になることが知られている (Evans & Magurran 2000)。同じオスと多回交尾したメスに比べて，複数のオスと交尾したメスはより多くの子を出産した。また，それらの子の捕食者回避能力を比較するため，生まれたばかりの子に対し，新しい環境に置かれたときに他個体と群れをつくる行動と，研究とは関係がない中立な立場の人間によって網で捕獲されるまでの時間を測定した。野外では，捕食者に対してグッピーは群れを

つくることで対抗することが知られている (Magurran 2005)。群れをつくれば，捕食者に狙われる個体当たりの確率が減少する薄めの効果が期待できるし，また多くの個体がいることで捕食者の狙いもつけにくくなるだろう。

複数のオスと交尾したメスが産んだ子は，1個体のオスとのみ交尾したメスの子よりも，群れをつくっている時間が長く，また捕獲されるまでに時間がかかった (Evans & Magurran 2000)。この結果は，メスは複数のオスと交尾することで捕食者を回避する能力の高い，生存する見込みの高い子をつくることができることを示している。さらに，1個体のオスとのみ交尾したメスと比較して，複数のオスと交尾したメスはより大きな子を産んでいた (Ojanguren et al. 2005)。複数のオスと交尾することによるこれらの利益が，複数の配偶相手のなかにいたメスと適合したオス，あるいは遺伝的に優れたオスによってもたらされた効果なのか，もしくは複数のオスのなかに望ましい配偶相手がいたことによってメス側の投資が多くなったことによる効果なのかまだ明らかにされていない。いずれにしても，複数のオスと交尾することで，メスは質の高い子を多く産むことができるらしい。

複数のオスと交尾し，体内に異なるオス由来の精子がある場合，メスは誰の精子を使って卵を受精させるか，つまりどのオスの子をつくるかという問題に直面する。Evans & Magurran (2001) はメスと2個体のオスを次々に協力交尾させて，メスがどちらのオスの子をよく産むかを検証した。もし，双方のオスの精子がランダムに卵と受精しているのであれば，どちらのオスの子もほぼ等しくなる場合が多いと予測される (fair raffle モデルと呼ばれる)。2個体のオスと協力交尾したメスが産んだ子を，マイクロサテライト法を使って父性判定したところ，fair raffle モデルの予測とは全く異なり，ほとんどが最初に交尾したオスの子か，逆にほとんどが2番目に交尾したオスの子かのいずれかという結果であった。

生まれてきた子のうちで，2番目に交尾したオスの子の割合を P_2 値と呼ぶが，この研究では P_2 値が 0.1 以下，すなわち 90〜100% の子が1番目に

交尾したオスの子という割合で産んだメスか，あるいは P_2 値が 0.7 以上，つまり 70〜100％の子が 2 番目に交尾したオスの子という割合で産んだメスのいずれかに分かれていて，P_2 値が 0.2〜0.6 という例はなかった。Fair raffle モデルの予測では P_2 値は 0.5 を頂点とした山なりの分布をするはずなので，この研究の結果がそれとはいかに異なっているかがよく分かる。

　では，どのような場合に P_2 値が大きくなるか，つまり 2 番目に交尾したオスの子が多くなるか，2 個体のオスが保持していた精子の量や体の大きさ，配偶行動の影響を分析したところ，オスが持っていた精子の量は受精成功には関連がなかった。受精成功に影響を与えていたのはオスの求愛頻度の差と，メスが 2 番目のオスと交尾に至るまでの時間であり，1 番目に交尾したオスに比べて 2 番目に交尾したオスの求愛頻度が高かった場合，あるいは 2 番目のオスとメスが出会ってからすぐに交尾した場合に P_2 値の値が大きかった (Evans & Magurran 2001)。これは，求愛頻度が高いオスの精子は遊泳速度や生存力に優れているなど精子競争能力が高かったためか，あるいはメスがそのようなオスを気に入って体内でそのオスの精子を積極的に使ってほとんどの卵を受精させたためか，いずれでも起こりうる結果である。

　2 個体のオスの精子がメス体内にある場合，生まれてくる子の父性の偏りが精子の競争能力の違いによるのか，あるいはメスの精子選択によるのかを明らかにするため，Evans et al. (2003) は 2 個体のオスの精子をメス体内に人工的に注入する実験を行った。メスはどちらのオスを見ることもなく，もちろん交尾もしていないので，オスに対する交尾前の好みがメスの精子選択に影響を与えることはないだろう。それでも，子の父性に偏りがあるようであれば，それは 2 個体のオスの精子競争能力の違いが起因していると考えられる。Evans et al. (2003) は 2 個体のオスから得た精子を同量ずつ混ぜて，それをマイクロピペットを使って麻酔したメスの体内に注入した。それらのメスが産んだ子の父性を判定したところ，やはり fair raffle モデルの予測とは異なっており，父性に偏りが見られた。残念ながら，Evans & Magurran (2001) では，父性の偏りに対するオスのオレンジスポッ

トの影響は検証していなかったが，Evans et al. (2003) はオレンジスポットの大きさも含めてさまざまなオスの体形質が，生まれてきた子の父性の偏りに与える影響を分析した。その結果，一緒に精子をメスに注入した相手のオスよりも，オレンジスポットが大きいオスが多くの子の父性を獲得していることが明らかになった。したがって，オレンジスポットの大きなオスは競争能力の高い精子を持っていると考えられる。

では，メスは交尾後に体内で精子選択を行っていないのであろうか？どうやらそういうこともなさそうである。というのも，人工的に2個体のオスの精子をメスに注入した Evans et al. (2003) の父性の偏りに比べると，実際に2個体のオスとメスが交尾した Evans & Magurran (2001) のほうが父性の偏りが極端であったからである。Evans & Magurran (2001) では P_2 値が 0.2〜0.6 という割合で子を産んだメスがいないのに比べ，Evans et al. (2003) で P_2 値に相当する P_B 値（AオスとBオスの精子を注入したメスが産んだ子におけるBオスの子の割合）では，0.2〜0.6 という割合で子を産んだメスも多く見られた。さらに，Evans & Magurran (2001) の解析では，2番目に交尾したオスの父性の高さに対し，メスが2番目のオスと出会ってから交尾するまでの時間が最も大きな影響を与えていた。メスがすぐに2番目のオスとの交尾を受け入れた場合ほど，2番目のオスが子の父親になる確率が高かったのであるが，協力交尾の場合，いつ交尾するかという決定権はメスにある。したがって，魅力的なオスと出会った場合，メスは速やかに交尾し，その精子を選択的に受精に用いている可能性が高い。

また，1個体のメスに2個体のオスを次々に提示してその反応を観察する実験を行った Pitcher et al. (2003) も，メスによる受精調節を示唆している。Pitcher et al. (2003) では，オレンジスポットが大きいオスと小さいオスをさまざまに組み合わせて，ペアにしたオスをメスに1個体ずつ提示した。1番目にオレンジスポットの小さなオス，2番目も小さなオス，あるいは1番目にオレンジスポットの大きなオス，2番目も大きなオス，さらに1番目にオレンジスポットの大きなオス，2番目には小さなオス，というように2個体のオスを提示したこれら3つの組み合わせでは，同じような結果

となった。これら3つの組み合わせのいずれでも，メスは2番目のオスに対する反応が消極的になり，交尾を避けようとする傾向が見られた。これに対し，1番目にオレンジスポットの小さなオス，2番目に大きなオスを提示されたメスは，2番目のオスの求愛に対する反応が高く，オスとの交尾に積極的であった。さらに，1番目にオレンジスポットの大きなオス，2番目には小さなオスという組み合わせと，1番目にオレンジスポットの小さなオス，2番目に大きなオスという組み合わせの，オレンジスポットの大きさの異なる2個体のオスと交尾したメスが産んだ子の父性を調べた。その結果，オレンジスポットの小さなオスよりも，オレンジスポットの大きなオスのほうがより多くの子の父親となっていた。また，メスが求愛により高い反応を示し，交尾に積極的であることを示したオスは多くの子の父親となる傾向が見られた。この結果も，オレンジスポットの大きなオスの精子が高い競争能力を持っていることの他に，メスが魅力的なオスの精子をより多く使って卵を受精している可能性を示唆している。

　Pitcher et al. (2003) はさらに，1番目にオレンジスポットの小さなオス，2番目に大きなオスと交尾したメスが産んだ子，あるいは1番目にオレンジスポットの大きなオス，2番目に小さなオスと交尾したメスが産んだ子，いずれの場合でも2番目に交尾したオスのほうが高い父性を示すことを明らかにした。もちろん，1番目にオレンジスポットの小さなオス，2番目に大きなオスと交尾したメスが産んだ子のほうが2番目のオスの父性が高かったが (P_2 値の平均は 0.79)，逆の場合でも P_2 値の平均は 0.57 と子の半分以上は2番目に交尾したオレンジスポットの小さなオスの子だった。総合的な分析の結果，子の父性にはメスと交尾したオスの順番が最も大きな影響を与えており，2番目に交尾したオスは多くの子の父親となることが判明した。2番目に交尾したオスのほうが高い父性を示すことは，Evans & Magurran (2001) でも同様の結果だったことから，グッピーのオスにとってメスと交尾する順番が重要であり，メスと最後に交尾したオスはより多くの卵を受精できるのかもしれない。

　逆に考えれば，メスにとってははじめに地味で魅力的でないオスとしか

交尾することができなくても，最後に魅力的なオスと交尾できれば，質の高い，魅力的なオスの子を多くつくることができるだろう。そのため，前に交尾したオスよりも，オレンジスポットが大きく魅力的なオスと2番目に会ったメスはより交尾に積極的になったと考えられる。このようにメスが，前に交尾したオスより質の高いオスとの次の配偶に積極的に振る舞う現象は，逐次的なメスの配偶者選択と考えられており，trade up 仮説と呼ばれる (Halliday 1983)。Pitcher et al. (2003) の結果も，グッピーのメスは前に交尾したオスよりも魅力的なオスに出会った場合は交尾に積極的に振る舞う trade up を行っていたことを示している。そして，最後に交尾したオスが多くの子の父親になるのであれば，メスはそれを利用して，より魅力的なオスと最後に交尾することで，質の高い，そのオスの子が多くなるように操作している可能性がある。

　オレンジスポットの大きなオスの高い精子競争能力に加えて，このようなメスによる子の父性操作により，Evans & Magurran (2001) で見られたような極端な父性の偏りが生じたのだろう。

3-7-2　オス親の魅力に応じた子の性比調節

　オスの魅力に応じたメスの受精選択だけでなく，グッピーはオスの魅力によって子の性比の調節も行っているらしい。Karino & Sato (2009) はオレンジスポットが派手で魅力的なオスと配偶したメスと，オレンジスポットが地味で魅力的でないオスと配偶したメスとで，産んだ子の性比に差異がないか比較してみた。この研究の背景には，魅力仮説 (attractiveness hypothesis) という仮説を検証する目的があった。魅力仮説は子の性比の偏りを説明する仮説の1つで，もしオス親の魅力を息子が受け継ぐならば，魅力的なオスと配偶したメスは子の性比を息子偏りにすべきというものである (Cockburn et al. 2002)。オス親から高い魅力を受け継いだ息子の配偶成功は高いと期待されることから，息子偏りの性比とすることで一腹の子全体の繁殖成功を高められるからである。魅力仮説は鳥類で多くの実証的研究が行われているが，この仮説を支持する結果も支持しない結果も両方

報告されており，さらなる検証が必要とされている（Cockburn et al. 2002）。また，鳥類の性決定様式は ZW 型であり，性染色体の組み合わせが ZW の場合にメスになり，ZZ の場合にオスになる。鳥類とは異なる，哺乳類やグッピーのような XY 型の性決定様式の動物を用いて，魅力仮説を検証することの意義も大きいと思われた。

　まず，オスのオレンジスポットの派手さを操作するため，Karino & Haijima（2004）で行ったような餌の調整を行った。同腹のオスを 2 つのグループに分け，一方は藻類を含んだ餌で飼育し，もう一方は藻類を含まない餌で飼育した。同腹の兄弟を使ったのは，子の性比に対するオス親からの遺伝的影響を最小限にしたかったからである。その条件で 5〜8 ヶ月飼育すると，2 つのグループのオスにはオレンジスポットに明確な違いが見られるようになり，藻類を与えたオスは，与えなかったオスよりも，オレンジスポットが鮮やかになり，またオレンジスポットが大きくなっていた（Karino & Sato 2009）。前述したように，オスのオレンジスポットの大きさには遺伝的な影響が大きく，本来なら兄弟の間には大きな差は生じないはずなのだが，藻類を与えなかったオスはカロテノイド不足に陥り，オレンジスポットを本来の大きさにまで発現できるほどカロテノイド色素を皮膚に供給できなかったのだろう。一方，藻類を摂取したオスは，藻類に含まれるカロテノイドにより十分にオレンジスポットを大きくすることができたため，兄弟でもオレンジスポットの大きさに差が生じたと考えられる。

　これら 2 つのグループそれぞれから体サイズや鰭サイズに差がない 2 個体のオスを選び，ペアとした。そして，このペアのオスを透明な仕切り越しにメスに提示する二者択一実験を行ったところ，藻類を与えられ，オレンジスポットが鮮やかで大きいオスが好まれていた（図 3-14）。ペアのオスに対し，やはり体サイズに差のない姉妹のメス 2 個体（オスとは血縁ではない）を組み合わせた。いずれのメスもオレンジスポットが鮮やかで大きなオスに強い好みを示した。このようにメスの好みを確認した後，一方のメスはオレンジスポットが鮮やかで大きなオスと，もう一方のメスはオレンジスポットが地味で小さいオスと配偶させた。つまり，姉妹のうち，1 個体

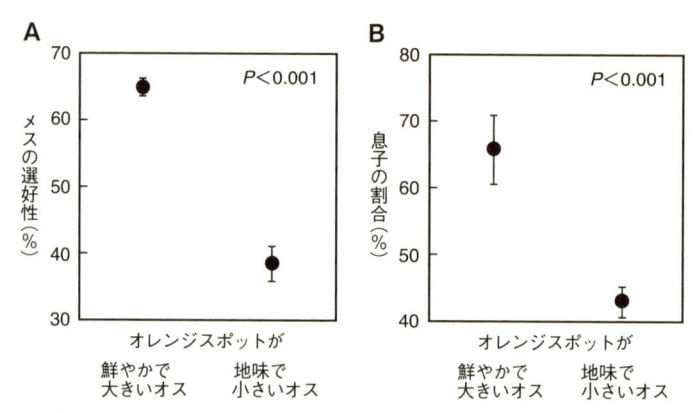

図 3-14　オスに対するメスの選好性（それぞれのオスに対する選好時間の相対値）(A)，および一腹の子のうちの息子の割合 (B)　　平均値と標準誤差を示す。オレンジスポットが鮮やかで大きい魅力的なオスと配偶したメスは子の性比を息子偏りにする（Karino & Sato 2009 より改変）。

は好みの魅力的なオスと，もう1個体は魅力的でないオスと交尾させた。そして，それらのメスが産んだ一腹の子の性比を比較した。その結果，オレンジスポットが地味で魅力的でないオスと交尾したメスに比べ，オレンジスポットが派手で魅力的なオスと交尾したメスのほうが，子の性比を息子偏りにして産子していた（図 3-14）。さらに，子の性比には，二者択一実験の際に，将来配偶相手になるほうのオスに対してメスが示した好みの強さが強く影響しており，配偶相手に対するメスの好みが強いほど子の性比は息子偏りになっていることが明らかになった（Karino & Sato 2009）。

　この研究は魅力仮説を支持する結果となった。グッピーのオスのオレンジスポットの大きさは遺伝率が高く，またオレンジスポットの鮮やかさに影響を与える藻類採餌能力もオス親から子へと遺伝する。Karino & Sato (2009) では，ペアにしたオスのオレンジスポットの派手さの違いは餌による調節で人工的に操作したものであったが，自然状態であればオレンジスポットが大きく鮮やかなオスの息子もやはりオレンジスポットが派手になると考えられる。したがって，オレンジスポットが派手な魅力的なオスと配偶したメスは，魅力的で配偶成功が高くなると予測される息子を多く産

むことで自身の適応度を高めているのだろう。

　ところで，オスの魅力に応じて，あるいはメスのコンディションなどによって子の性比に偏りが生じる現象は，鳥類や哺乳類などの脊椎動物でよく知られているが(Hardy 2002)，どのように子の性比を調節しているのか，そのメカニズムはほとんど明らかになっていない。鳥類では性決定様式がZW型であることから，メスがZ染色体を持つ卵を多くつくるか，W染色体を持つ卵を多くつくるか，あるいはいずれかの卵を吸収してしまうなどの操作により，子の性比を調節していると考えられる。したがって，鳥類では子の性比のコントロールはメス親が行っていると推測される。

　グッピーの場合，性決定様式はXY型であり，メス親，オス親，いずれもが子の性比調節に関与している可能性が考えられる。例えば，魅力的なオスと配偶したメスがY染色体を持った精子を使って多くの卵を受精させて息子偏りにすることも考えられるし，魅力的なオスはY染色体を持った精子を選択的にメスに渡している可能性もある。オスの魅力に応じた子の性比調節に関し，グッピーのメス親とオス親のどちらが主要な役割を果たしているか明らかにするため，Sato & Karino (2010) は，Pilastro et al. (2004) と同様の手法を用いて検証を行った。メスと配偶させる配偶オスとともに，配偶オスよりも派手な刺激オス，あるいは地味な刺激オスをメスに提示することで配偶オスの魅力を操作した。

　その結果，刺激オスが派手で，配偶オスの魅力が相対的に低い場合に比べて，刺激オスが地味で，配偶オスの魅力が高い状態で配偶したメスは，より息子偏りの性比で子を産んだ。同一のオスの子であっても，相対的な魅力によって子の性比が異なっていたことから，オスの魅力によって子の性比を操作しているのはメス親であることがこの結果から示された。配偶相手のオスが魅力的な場合，メス親は性的魅力が高くなり，より高い配偶成功を見込める息子を多くつくるように，子の性比を調節していた。したがって，交尾前のオスに対するメス選択による間接的利益が，交尾後のメスの性比調節によってさらに強化されていると考えられる。なお，これらの研究に関しては，佐藤 (2013) に詳細が述べられているので，そちらを参

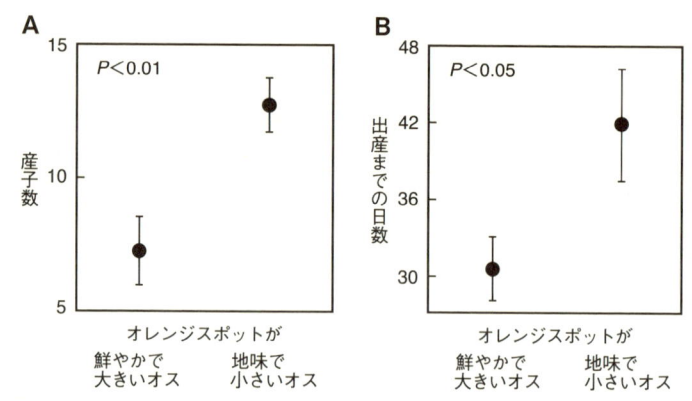

図 3-15 それぞれのオスと配偶したメスの産子数 (A) および交尾から出産までの日数 (B)
平均値と標準誤差を示す。オレンジスポットが鮮やかで大きい魅力的なオスと配偶したメスは産子数が少なく，短期間で出産する（Karino & Sato 2009 より改変）。

照されたい。

　Karino & Sato (2009) の実験において，オレンジスポットが派手で魅力的なオスと交尾したメスは，オレンジスポットが地味で魅力的でないオスと交尾したメスと比べると，産んだ子の数が少なく，また交尾してから産子するまでの時間が短かった（図 3-15）。一方，双方のメスが産んだ子の体サイズには差がなかった。これは，質の高い子が産めるのであれば，親は子に対する投資を大きくすることを予測した差別的投資説（differential allocation hypothesis; Sheldon 2000）に反する結果であった。オレンジスポットの大きな魅力的なオスの子は質が高いことが見込めるのに，メスは少数の子しか産んでいなかったからである。これは，交尾したオスの精子を使ってすぐに受精するか，それとも次のオスの精子を待つかというメスの意思決定が働いたために生じた結果である可能性が考えられる。

　グッピーの受精・発生システムは non-superfetation と呼ばれ，一腹の卵は同時に受精し，胚の発生も同調する。魅力的なオスと交尾したメスはすぐにそのオスの精子を使って卵を受精させたのに対し，魅力的でないオスと交尾したメスはその精子を使うのを避け，より魅力的な将来の配偶相手を待っていた，つまり trade up をしたかったと考えられる。しかし，この

3-7 交尾後のメスの精子選択と産子調節　　　　　　　　　　　　117

実験では次のオスと配偶させなかったため，メスはしばらく受精を待った後にどうしようもなくなって魅力的でないオスの精子で卵を受精させたのだろう。そのため，魅力的でないオスと交尾したメスでは産子するまでの時間が長くなり，交尾してから受精までの間につくった卵も受精したため，魅力的なオスと交尾したメスに比べて産子数が多かったと考えられる。魅力的でないオスと交尾したメスが，より魅力的なオスと交尾するまで卵の受精をひかえる可能性については Evans & Magurran (2000) も指摘してい

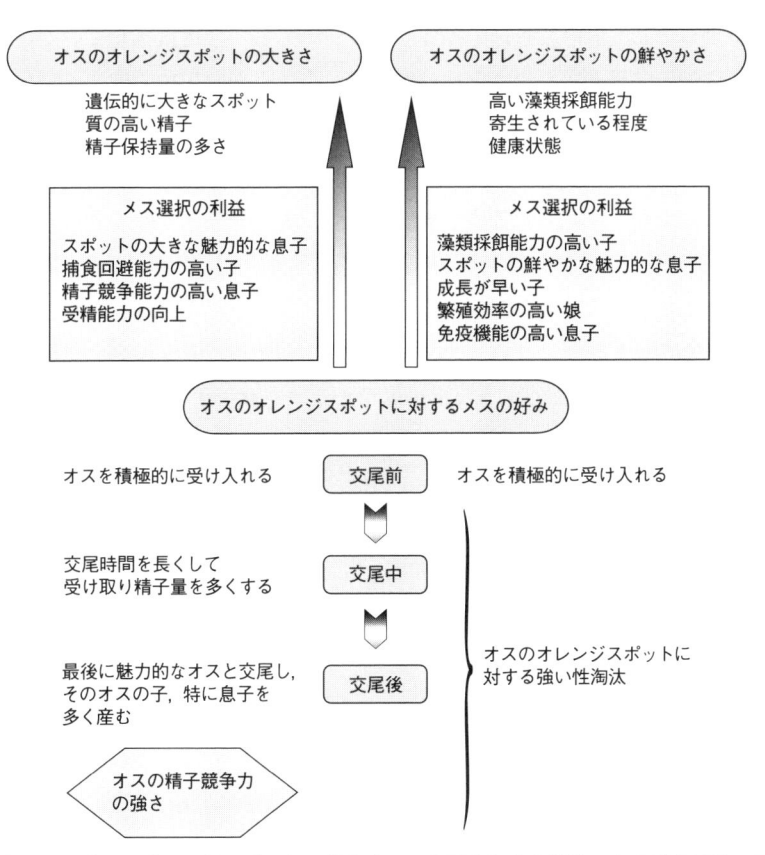

図3-16　オスのオレンジスポットに対するメスの好みとその利益，および交尾前，交尾中，交尾後のメスの戦略の模式図

る。Evans & Magurran (2001) や Pitcher et al. (2003) が明らかにしたように，最後にメスと交尾したオスが多くの卵を受精させるのであれば，魅力的でないオスと交尾したメスは，より魅力的なオスと次に交尾すれば，質の高い，後者のオスの子を多く産めるからである。

　配偶したオスの魅力に応じたメスの精子選択や受精時期の調節，そして子の性比調節などの詳細なメカニズムは明らかになっていない。また，そのような交尾後のメスの振る舞いがどの程度適応的であるのかについても検証が待たれる。さらに，配偶相手のオスの魅力と，メスによる子の数や大きさの操作，あるいは鳥類などで知られているような卵に対するホルモンやカロテノイドの投資量の操作などについても，今後検証していくことで興味深い成果が得られると期待される。交尾前と交尾後のメスの配偶者選択の関連について，これらは面白い研究テーマとなるだろう。

　グッピーのオスのオレンジスポットはメスの配偶者選択の重要な指標となっているが，オレンジスポットの大きさや鮮やかさはそのオスのさまざまな質の高さを示すシグナルとなっており，オレンジスポットの大きな，あるいは鮮やかなオスと配偶することでメスが選ばれる利益も多岐にわたると考えられる。そのため，メスは交尾前，交尾中，交尾後のいずれの段階においても，オレンジスポットの派手なオスを選択するように振る舞い，子の質を高めているようである。オレンジスポットの派手なオスが持つ高い精子競争能力が，このようなメスの配偶者選択と相乗的に働いて，オスのオレンジスポットに対する性淘汰の影響は相当に強いと考えられる（図3-16）。

3-8　今後の展望

　ここまで紹介してきたように，グッピーのメスとオスは配偶をめぐってさまざまな駆け引きを行っている。魅力的なオスを配偶相手に選ぶことで，質の高い子を産もうとするメス。そのメスのシビアな配偶者選択を，スニーキングや騙しでかいくぐろうとするオス。オスのスニーキングに対して，

交尾時間を短くし，受け取る精子の量を減らしたり，オスの騙しを見破ったりするようなメスの対抗。そして，魅力的なオスとの交尾では受け取る精子の量を多くしたり，魅力的なオスの子をより多く産む，あるいは子の性比もオスの魅力に応じて操作するなど，交尾前のオスへの好みに対応した交尾中や交尾後のメスの戦略。しかし，まだ明らかになっていないことも多い。

例えば，メスの配偶者選択の利益に関しても，子の成長や娘の繁殖能力，息子の魅力や藻類の採餌能力の向上など，断片的な証左しか得られていない。メスに対する性的な魅力が，オス親から息子へと遺伝することを Brooks (2000) は明らかにしたが，同時に，魅力的なオスの息子は生存率が低くなることも判明した。このようなオスの魅力と生存との負の遺伝的相関について Brooks (2000) が示した解釈は，多面発現によるコスト，例えば魅力的なオスは同時に魅力的な形質を発現するための餌の獲得などにより生存にかかる負荷が増えた，あるいはオレンジスポットなどオスの魅力的な形質に関する遺伝子が多く存在する Y 染色体に有害遺伝子がヒッチハイクしているのではないかというものである。後者は，魅力の高いオスの，性的な魅力を高める遺伝子が多くある Y 染色体には有害遺伝子も多くあり，メスはそのような魅力的なオスを配偶相手として好むことから，オスの魅力とともに生存力が低下する有害遺伝子も息子に受け継がれてしまうというものである。いずれにしても，息子の性的魅力は向上しても，生存率が低下することから，魅力的なオスを選んだメスの間接的利益はかなり減少してしまうだろう。

魅力的なオスを配偶相手に選ぶメスの利益は，息子の魅力の向上だけでなく，成長や娘を通しての繁殖効率，捕食者回避能力などもある。したがって，魅力的なオスを配偶相手に選ぶことでメスが得ている真の利益を明らかにするためには，子の一生を追跡調査してその生存や繁殖を検証するだけでなく，捕食圧や餌の得やすさなどの環境要因との関連も調査しなければならない。これらの検証には多くの困難が伴うし，長い時間を費やさなければならないだろう。しかし，メスの配偶者選択の間接的利益を徹底し

て検証した例はほとんどないことから，これらのことが明らかにできれば，配偶者選択研究のモデル生物としてのグッピーの価値はさらに高まるだろう。そして，これらの知見を基盤としてさらに応用的な研究に発展させていくことができる。性淘汰という，現在の行動生態学で最も活発な研究分野に関し，これらの強固な基盤を利用した斬新なスタイルの研究が展開できると期待される。

　また，配偶をめぐるグッピーのメスとオスの対立についてもさらなる検証が必要である。オスのスニーキングや騙しがどの程度実効性があり，オスの繁殖成功に貢献しているのか，あるいはスニーキングや騙しによりメスがどのようなコストを被っているのか，これらも断片的な情報しか得られていないのが現状である。長い尾鰭によるオスの騙しのところで，オスとメスそれぞれの対抗がエスカレートしていく一側面を紹介したが，スニーキングやオレンジスポットの FA による騙しなどでもそのような現象が見られるかもしれない。それらが明らかになってくれば，配偶をめぐるメスとオスの進化的軍拡競争の多様性を提示することができるだろう。

　交尾時間による受け取り精子量の調節や，前の交尾相手より質の高いオスとの交尾を望む trade up，子の父性を好みのオスに偏らせる精子選択など，今のところ，交尾中や交尾後はメスの一人勝ちのように見える。しかし，交尾中や交尾後にも，メスに好まれないオスが何らかの対抗戦略を展開している可能性はある。精子の生存や遊泳速度などに関し，メスに好まれるオレンジスポットの大きなオスのほうが質の高い精子を持っており（Locatello et al. 2006），精子競争にも秀でていること（Evans et al. 2003）を紹介した。つまり，交尾前のメスの選択だけでなく，交尾中や交尾後のメスの戦略，そして交尾後の精子競争においても，地味でメスに好まれない魅力のないオスは不利なことになる。しかし，集団のなかには派手なオスばかりいるのかというとそういうことはなく，地味なオスもたくさんいる。したがって，地味なオスは何らかの戦略により子を残しているはずである。単位交尾時間当たりに渡せる精子の量や，スニーキング時の交尾時間，もしかしたらヘルパー精子の存在など，地味なオスが子を残すための戦略を

3-8 今後の展望

明らかにすることも価値のあることだろう。集団における多様性の維持という進化生物学の重要なテーマに貢献するかもしれない。

また，メス体内での隠れた選択のメカニズムを解明していくことも重要である。メスがオスから受け取る精子の量を交尾時間で調整している（Pilastro et al. 2007）というのはシンプルで分かりやすい。しかし，どうしてメスと最後に交尾したオスの父性が高くなるのか，交尾相手のオスの魅力に応じてすぐに卵を受精させたり，あるいはもっと魅力的な次のオスとの交尾まで受精を待ったり，メスはどのようにして受精のタイミングを調整しているのだろう？ さらに，交尾したオスの魅力に応じた子の性比調節も含めて，いずれのメカニズムも明らかになっていない。これらのメカニズムが明らかにされている，あるいは推測されている昆虫や甲殻類とは異なり，グッピーでは貯精嚢など精子を蓄えておく特殊な器官などはないようである。したがって，メス体内でのこれらの選択のメカニズムは，昆虫や甲殻類とグッピーとではかなり異なっていると考えられる。交尾後のメスの選択に関するこれらのメカニズムの詳細が今後のグッピーの研究によって明らかになってくれば，脊椎動物におけるメス体内での選択の進化プロセスを推定することに貢献できるかもしれない。また，メス体内における選択に関するこれら複数の戦略が相加的，あるいは相乗的に働いて，交尾前，交尾後のメス選択をより効果的に強めているなど，さらに面白い研究テーマが開けてくる可能性もある。

さらに，生息環境の捕食圧や餌の得やすさなど環境要因が，グッピーのメスとオスの駆け引きにどのような影響を与えているかを明らかにしていくことも必要である。捕食圧の高い環境では，配偶に対するメスの関心が低くなり，オスは強制交尾を頻繁に行うようになる。そして，オスの強制交尾の増加は，メスの採餌時間の減少や捕食リスクの増大など，メスとオスの対立を大きくしていくだろうと推測されているが（Magurran 2005），メスとオスの対立に関して捕食圧が果たす役割などもっと詳しい検証が待たれる。また，捕食圧や餌の得やすさなどの環境要因が，交尾前のメスの配偶者選好性に与える影響，交尾中の雌雄の行動に与える影響，交尾後のメ

ス体内での選択や精子競争に与える影響などもほとんど分かっていない。これらを解明していけば，さまざまな環境要因を包含する実際の自然状態において，グッピーのメスの配偶者選択や，オスの戦略，メスとオスの対立と相互作用などがどのように働いているのかが分かるだろう。そして，これらのうち，どのプロセスが重要で，あるいはどのプロセスは相対的に意味が小さいのか，それぞれのプロセスの進化的重みを推定することができ，それを実際に検証していくこともできるかもしれない。

　グッピーを対象にした行動生態学や進化生物学に関する出版論文数は年々増加の一途をたどっている(Magurran 2005)。ここに挙げた未解明の事柄の多くも，近い将来に解明されていくかもしれない。それにしたがって，グッピーのメスとオスの配偶をめぐる駆け引きの様相がさらに明らかになっていくであろう。それぞれの駆け引きによって，メスとオスが得ている利益は何であるか，あるいは回避しようとしているコストは何か，それがさらに相手となる異性の対抗戦略や便乗戦略を引き起こすきっかけとなっていくのか…。メスとオスという，繁殖に必要不可欠なパートナーでありながら対立する相手でもあるお互いの，果てることのないやりとりの一端を見せてくれると期待している。そして，それはさらに興味深い将来の研究と発見へとつながっていくだろう。

4

交尾をめぐるメスの利害とオスの利害：
マメゾウムシの事例を中心に

原野智広

はじめに

　多くの動物では，オスのつくる精子とメスのつくる卵が受精して子が生まれる。陸上生活を行う動物では，受精はメスの体内で行われるのが普通なので，オスの持つ精子をメスの体内に移動させる必要がある。オスからメスへの精子の移動が，交尾の役割である。卵を受精させなければ，メスは子を産むことができないので，精子の受け取りはメスの適応度に対して決定的な意味を持つ。しかし，交尾の影響はそれだけにとどまらない。精子の受け渡し以外にもさまざまな形でメスの適応度に影響を及ぼし(Thornhill & Alcock 1983; Arnqvist & Nilsson 2000; Arnqvist & Rowe 2005)，そのなかにはメスの適応度を増加させるものと減少させるものがある。一般的に，適応度を増加させることを利益，減少させることを不利益またはコストと言う。

　交尾の際にメスがオスから受け取るものは，精子だけではない。他の小さな昆虫を捕食するガガンボモドキという昆虫では，オスが自分の捕らえた餌をメスに与える(Thornhill 1980)。多くのキリギリスやコオロギのオスは，精包と呼ばれる多数の精子を包み込んだ分泌物の塊をメスの腹部の先に付着させ，精包から精子がメスの体内に移動する。メスは交尾後に精包を食べる(例えば，Gwynne 1984)。チョウやガでは，精包はメスの体内に

移送され，吸収されて栄養になる（例えば，Wiklund 1993）。甲虫の一種であるサイカチマメゾウムシ *Bruchidius dorsalis* のオスは，多量の精液をメスの体内に移送し，精液がメスの栄養になる（Takakura 1999）。これらのように，オスが配偶相手に餌や栄養物を提供することは，婚姻贈呈または婚姻給餌と呼ばれる。他にも動物によっては，交尾と引き換えにオスの占有する場所がメスに提供されたり，オスが子の世話をしたりすることがある。

交尾は，さまざまな面でコストを伴う活動でもある。交尾を行えば，そのぶんだけ採餌や産卵など他の活動に費やす時間が減少するし，エネルギーを消耗する（Thornhill & Alcock 1983）。交尾中は，捕食者に見つかりやすかったり，襲われたときに逃げられなかったりするために，捕食される危険が増すことがある（Arnqvist 1989; Kemp 2012）。交尾相手が病気や寄生虫に感染していれば，伝染するおそれがある（Hurst et al. 1995; Martinez-Padilla et al. 2012）。さらに，交尾相手であるオスがメスに危害を及ぼすという事例がある。キイロショウジョウバエ *Drosophila melanogaster* では，オスが送り込む精液の中に，メスの生存に悪影響を及ぼす物質が含まれている（Chapman et al. 1995）。トコジラミ（ナンキンムシ）の交尾は奇怪であり，オスが針のような交尾器でメスの腹部の体壁に穴を開け，そこから交尾器を差し込んでメスの血液中に精子を送り込む。穴はやがて塞がるものの，負傷を伴う交尾を何度も行うと，メスは早死にする（Stutt & Siva-Jothy 2001）。

4-1　マメゾウムシの交尾

4-1-1　メスが傷を負うマメゾウムシの交尾

マメゾウムシという昆虫では，交尾行動とそれに関わる形質の研究が活発に行われている。大きなきっかけとなったのが，ヨツモンマメゾウムシ *Callosobruchus maculatus* のメスは交尾で傷を負うという発見である。先に挙げたトコジラミの例と異なり，ヨツモンマメゾウムシの交尾（図4-1）を観察しても，オスがメスの体を傷つける様子やメスが負った傷は見られな

4-1 マメゾウムシの交尾　　　　　　　　　　　　　　　　　　　　　　125

図4-1　ヨツモンマメゾウムシの交尾　　1回の交尾は平均およそ8分間である。

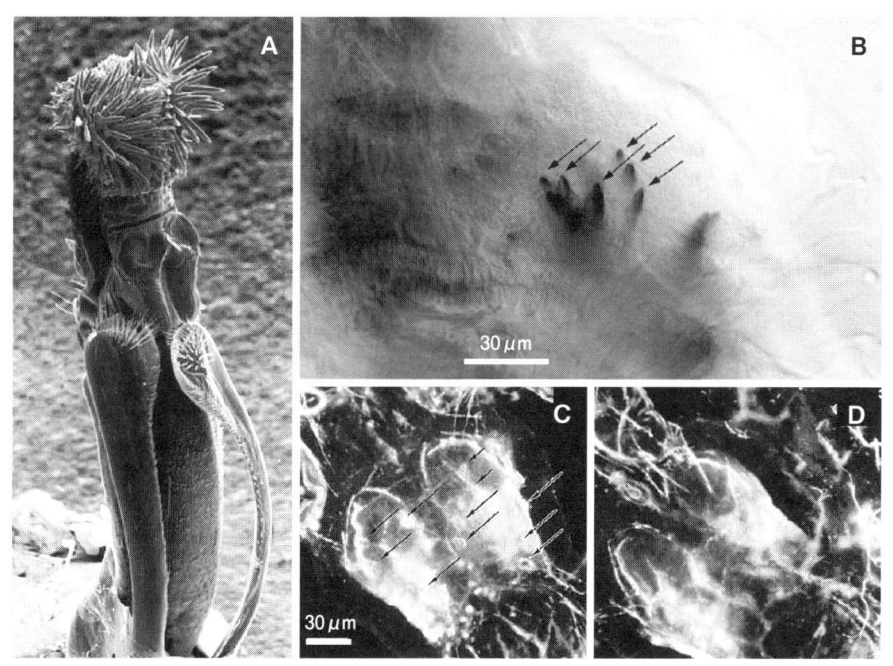

図4-2　ヨツモンマメゾウムシのオスの交尾器と生殖管　　A：オスの交尾器。先端にトゲがある。B：交尾中のメスの生殖管上皮。交尾中の雌雄を液体窒素で瞬時に固定して撮影された。矢印の指し示す場所にオスの交尾器のトゲが刺さっている。C：交尾後のメスの生殖管。矢印の指し示す場所に傷跡がある。D：交尾前のメスの生殖管。傷は付いていない（Crudgington H.S. & Siva-Jothy M.T. 2000. Genital damage, kicking and early death. Nature 407: p.855, Figure 1 および Figure 2 より，許可を得て転載）。

い。Crudington & Siva-Jothy (2000) は電子顕微鏡下での観察から，その事実を明らかにした。ヨツモンマメゾウムシでは，オスの交尾器の先端に多数のトゲ状の突起物（本章では「トゲ」と呼ぶ）があり（図4-2 A），このトゲは交尾中にメス体内の生殖管の壁面に突き刺さる（図4-2 B）。そして，交尾を終えたメスの生殖管には傷痕が残る（図4-2 C, D）。

ヨツモンマメゾウムシの交尾は平均8分間ほど続くが，交尾開始から6分くらい経過すると，メスが後脚でオスを蹴り始める（Edvardsson & Canal 2006）。その様子を実際に見ると，あたかもメスが交尾を続けるのをいやがっているようである。Crudington & Siva-Jothy (2000) の研究では，オスを蹴れないようにメスの後脚を切除しておくと，交尾が通常よりも約5分長引き，生殖管に残った傷痕は大きくなった。さらに，1回しか交尾させなかったメスに比べて，2回交尾させたメスは早く死亡した。交尾を行うにつれて生殖管の傷が悪化し，そのせいで生存上のコストを被ると考えられる。この研究結果は，大きな反響を巻き起こすとともに，多くの疑問を生み出した。そして，それらを解き明かすべく研究が行われている。本章では，交尾をめぐるメスの利害とオスの利害が生物の行動と姿かたちをどのように形作るのかについて，マメゾウムシでの研究から明らかにされたことを中心に紹介する。

4-1-2 マメゾウムシ

マメゾウムシとは，コウチュウ目（Coleoptera）ハムシ上科（Chrysomeloidea）マメゾウムシ科（Bruchidae）に分類される昆虫である。近年では，マメゾウムシ科を独立した科とせずにマメゾウムシ亜科（Bruchinae）として，ハムシ科（Chrysomelidae）のなかに含めるように分類が見直されており（Lingafelter & Pakaluk 1997），こちらが採用されることが多いようである。名前に「ゾウムシ」と付いているものの，ゾウムシ上科（Curculionoidea）ではなくハムシ上科に属するので，マメゾウムシは「ゾウムシ」よりも「ハムシ」に近い昆虫である。

本章で登場するマメゾウムシは，主にヨツモンマメゾウムシ（図4-3 A, B）

図 4-3 本章で主に取り上げる 2 種のマメゾウムシ　A：ヨツモンマメゾウムシのメス成虫。B：ヨツモンマメゾウムシのオス成虫。C：アズキゾウムシのメス成虫。D：アズキゾウムシのオス成虫。

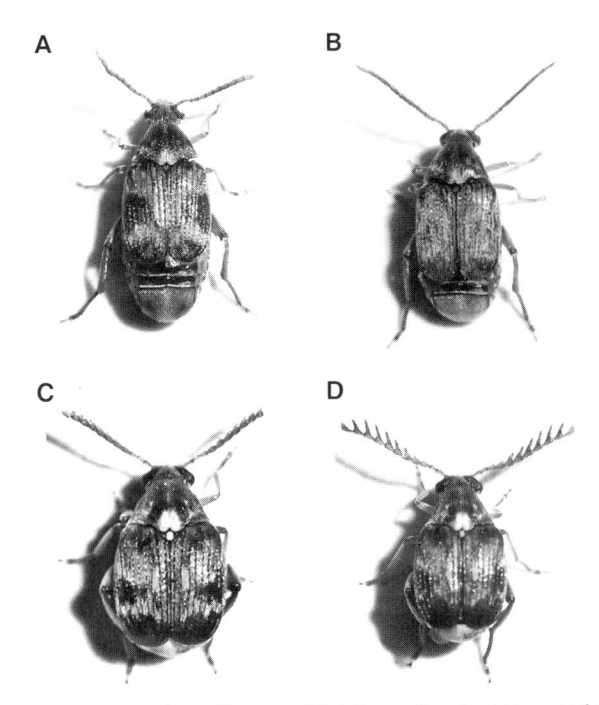

とアズキゾウムシ[1] *Callosobruchus chinensis*（図 4-3 C, D）の 2 種である。どちらも *Callosobruchus*（セコブマメゾウムシ）属に分類され，近縁種である。両種の外部形態は似通っており，成虫は体長 2〜3 mm くらいの大きさである。生態もよく似ている。マメゾウムシは，名前に「マメ」とついているとおり，豆に依存した生活を送る。ヨツモンマメゾウムシおよびアズキゾウムシのメス成虫は，アズキ *Vigna angularis* やササゲ *Vigna unguiculata* など，マメ科植物の豆の表面に卵を産み付ける（図 4-4 A）。卵から孵化した幼虫は豆の中に侵入し，豆を食べて育ち，蛹になる。羽化して成虫になるまで豆の中で過ごす。卵から成虫になるまでの期間は，温度などの環

1）「アズキマメゾウムシ」と呼称されることもある。

図4-4　アズキの豆に卵を産み付けるアズキゾウムシ　　A：アズキゾウムシが卵を産み付けたアズキの豆。B：アズキゾウムシ成虫と成虫脱出後のアズキの豆。豆に脱出孔がある。

境条件によって変わるが，25℃条件下でヨツモンマメゾウムシが40日くらい，アズキゾウムシは30日くらいである。

　成虫は豆の外に出てきた時点（図4-4 B）で繁殖可能であり，交尾相手がいれば交尾を行い，産卵場所となる豆があれば，交尾後すぐにメスは産卵を始める。豆を食べるのは幼虫だけである。成虫は何も食べなくても10日間くらい生存し，メスは50～100個くらい卵を産む。砂糖や花粉などを摂食すると，もっと長い期間生存し，メスの生涯産卵数も多くなる。豆の貯蔵庫のように豆が豊富にある場所に侵入して産卵すれば，メス1頭からでも瞬く間に増えていく。そのため，ヨツモンマメゾウムシ，アズキゾウムシともに，日本を含め世界各地で，人が収穫した豆を加害する貯穀害虫になっている。

　豆さえあれば育って繁殖し，世代をつないでいくことができるので，シャーレなど小さな容器で容易に飼育でき，成虫の餌や水を用意する必要もない。これらの特性は飼育実験を行うには好都合で，ヨツモンマメゾウムシおよびアズキゾウムシは研究によく使われる。日本では，特にアズキゾウムシが古くから個体群生態学の研究に用いられ，その発展に大きく貢献しており（例えば，内田 1998），いくつかの研究機関で長年にわたり累代飼育されている。マメゾウムシについて詳しく解説した本には，梅谷（1987）がある。

4-2 メスに危害を及ぼすオスの形質の進化

4-2-1 オスはなぜメスを傷つけるのか

　オスがメスに危害を及ぼす形質を持っているというのは，その進化を考えると不思議である．オスは子を産まない．メスを通して自分の子を残す．配偶相手であるメスが危害を受けて，早く死んだり，子をあまり産めなかったりすれば，オス自身の適応度が低下するはずである．配偶相手に危害を及ぼすようなオスの形質は淘汰され，進化しないように思われる．ここで鍵を握るのは，何回も交尾を行うというメスの行動である．

　多くの昆虫では，オスもメスも一生のうちに何回も交尾を行う（Thornhill & Alcock 1983; Birkhead & Møller 1998; Birkhead 2000）．1個体が2回以上交尾を行うことを多回交尾（multiple mating または multiple copulation，複数回交尾とも）と言う．ほとんどの昆虫では，雌雄がつがいで生活することはなく，交尾のたびに相手が違うのが普通なので，多回交尾を行うメスは複数のオスと交尾することになる．メスが2個体以上のオスと交尾することを一妻多夫（polyandry）[2]と呼ぶ．

　メスが複数のオスと交尾すると，オスにとっては厄介な問題が起こる．それは，配偶相手の子が自分の子とは限らないということである．昆虫のメスの体内には，受精嚢（spermatheca）と呼ばれる精子を貯蔵する器官がある．精子は受精嚢内で生き続け，多くの場合，メスが死ぬまで生きられる．メスは精子を受精嚢の中に蓄え，産卵前に受精させる．メスが複数のオスと交尾すれば，異なるオスの精子が受精嚢内に混在し，卵との受精をめぐってオス同士の競争が起こる．この競争は精子競争（sperm competition）と呼ばれる（Parker 1970）．オスは精子競争をくぐり抜けて，自分の精子

---

[2] ここでは広義で用いており，オスが何個体のメスと交尾するのかについては規定しない．たいていの場合，オスは複数のメスと交尾するので，両性個体ともに複数の交尾相手を持つ，すなわち多夫多妻（polygamy）もしくは乱婚（promiscuity）の状態に等しい．狭義の「一妻多夫」は，オスは1個体のメスとしか交尾しないという意味が加わり，多夫多妻や乱婚と区別される．

を卵と受精させなければ子を残すことができない。メスが複数のオスと交尾する場合，オスにとっては，配偶相手の子のうち，自分の精子で受精したものだけが自分の子である。例えばメスが100頭の子を産んでも，その半分しか自分の精子で受精していなければ自分の子は50頭である。メスの産んだ子が80頭でも80％が自分の精子で受精していれば自分の子は64頭である。オスにしてみれば，メスの適応度を低下させてでも自分の子を増やせば適応度は上がるので，そのように作用する形質は淘汰を通して進化するであろう。

　メスに傷害を与えるオスの形質が進化する理由を説明する仮説には，適応的傷害仮説（adaptive harm hypothesis）と多面発現性傷害仮説（pleiotropic harm hypothesis）の2つがある[3]。メスに傷害を与えること自体がオスに適応度上の利益をもたらすというのが，適応的傷害仮説である。この仮説で想定されるメスの行動の1つは，交尾で傷害を受けると，傷害の蓄積を避けようとして，その後の交尾を拒絶するというものである（Johnstone & Keller 2000）。メスが他のオスと交尾するのを防ぐことで，オスは精子競争を避けられる。他に，傷害を負ったメスは，自らの余命が短いと感知し，死ぬ前に子を残そうとして急いで子を産むという行動も想定される（Michiels 1998; Lessells 1999）。オスは傷害を負わせることによって，他のオスと交尾する前に子を産むように差し向けることができる。

　これらに対して，メスに傷害を与えること自体はオスの利益にならず，傷害は他の何らかの点で利益をもたらす形質の副作用であるというのが，多面発現性傷害仮説である。例えば，他のオスの精子を殺す有毒物質をメスの受精囊に送り込むオスは，精子競争で勝ち抜けられる。この有毒物質がメスにも作用して早死にさせてしまうかもしれない。そうであれば，メスの寿命を縮めること自体はオスの利益にならないものの，有毒物質は進化するであろう。

---

[3] "adaptive harm" と "pleiotropic harm" には既存の日本語訳がないので，著者が訳語を充てた。

4-2-2　交尾器のトゲがオスにもたらす利益

　適応的傷害仮説で想定されるメスの交尾または産卵行動が生じるかどうかの検証が，ヨツモンマメゾウムシで試みられている。その1つでは，メスの触角，翅，脚，胸部または腹部に人為的に傷を付け，その後の行動を観察したところ，無傷のメスに比べて，交尾が抑制されることも産卵が促進されることもなかった(Morrow et al. 2003)。別の研究では，後脚を切除されたメスは交尾中にオスを蹴ることができず生殖管に大きな傷を負う(Crudington & Siva-Jothy 2000)ことに着目している。適応的傷害仮説からは，蹴ることができなかったメスは次の交尾を控えるかあるいは産卵を急ぐことが予測されるが，どちらもないという結果であった(Edvardsson & Tregenza 2005)。これらの研究では，メスを負傷させることがオスの利益になるという仮説を支持する証拠は見いだされなかった。

　交尾器のトゲがヨツモンマメゾウムシのオスにもたらす利益を最初に明らかにしたのは，地域によってトゲの長さに違いがあることを利用した研究(Hotzy & Arnqvist 2009)である。13の地域で採集されたヨツモンマメゾウムシをそれぞれ繁殖させ，各地域由来の集団が創設された。いずれかの地域集団のオスをメス(メスは全て単一集団のもの)と交尾させると，オスのトゲが長いほどメスの生殖管に残る傷痕が大きかった。長いトゲを持つオスと交尾させるとメスの生涯産卵数が少なくなることも，後の研究で明らかにされた(Rönn & Hotzy 2012)。

　次に，トゲの長さと精子競争における受精成功度(受精できた卵の数)との関係が検証された。精子競争に臨むオスの立場は2通りある。先にメスと交尾しているか，それとも後から交尾するかである。先に交尾したオスは，別のオスによって自分の精子が排除されたり殺されたりするのを「防御」する立場にある。逆に，後から交尾するオスは，すでにメスの体内にある他オスの精子を排除したり，殺したりするといった「攻撃」する立場にある。この研究では，オスが「攻撃」側になったときの受精成功度が評価された。「メスが2頭のオスと交尾したときに，後から交尾したオスの精

子で受精した子の割合」は P_2 値と呼ばれ，多くの昆虫で測定されている (Simmons 2001)。

　P_2 値を測定するには，子の父親を判定しなくてはならない。方法の1つは，不妊オス法 (sterile male technique) である。生物は放射線を多量に浴びると生命活動に支障をきたし，死に至る。生存に影響しない程度での被曝でも，線量次第では，オスの精子の遺伝子に突然変異が起こり，その遺伝子を受け継いだ受精卵は胚発生初期に死亡する。放射線を照射されることで，通常どおり交尾し，精子は受精できるが，その精子と受精した卵は孵化しないという状態になったオスは，不妊オスと呼ばれる。メスを2頭のオスと交尾させるとき，オスの片方だけを不妊オスにしておけば，メスの生んだ卵が孵化するかどうかに基づいて父親を判別できる (Parker 1970; Boorman & Parker 1976)。不妊オス法を用いて P_2 値を測定した結果，交尾器のトゲの長いオスほど高い受精成功度を達成すると分かった。ここで，もしメスに大きな傷を負わせるオスほど受精成功度が高いならば，適応的傷害仮説が支持されるであろう。対照的に，傷の大きさと関係なしにトゲの長いオスほど受精成功度が高いならば，傷そのものはオスの利益になっていないので，多面発現性傷害仮説であろう。結果を分析すると，トゲの長さが同じであれば傷の大きさと受精成功度は無関係であったので，多面発現性傷害仮説が支持された。適応的傷害仮説は，理論的に妥当性が確かめられているものの，今のところ，どの生物でも明確な実験的証拠は見つかっていないようである。

　地域集団間の差異を利用した研究では不十分な点がある。というのは，地域集団間で異なるのは，おそらく交尾器のトゲだけではないからである。オスの受精成功度の差は，実は全く別の形質の違いによるものかもしれない。この問題を払拭すべく，交尾器のトゲの長さを実験的に操作して検証がなされている (Hotzy et al. 2012)。その1つは人為淘汰 (artificial selection) で，トゲの長いオスを選り抜いて繁殖させ，その子のなかからトゲの長いオスを選り抜いて繁殖させるということが，繰り返し行われた。ある形質に淘汰がかかったとき，その形質の差異が多少なりとも子に遺伝するも

のならば，世代を経ると形質の変化が生じる。世代の経過につれて遺伝的形質が変化することが進化である。すなわち，人為淘汰によって，実験的に形質を進化させられる。トゲの長いオスを選抜した系統とトゲの短いオスを選抜した系統との間で，5世代経過後にはトゲの長さに差が生じた。そして，受精成功度（P_2値）は，トゲの短い系統のオスよりも長い系統のオスで高かった。

　もう1つの実験では，レーザーを照射して交尾器のトゲを切除したところ，やはり長いトゲを持つオスの受精成功度が高いと確認された。これらの研究から，交尾器の長いトゲは精子競争の際の受精成功度を高めるということが明らかにされた。では，どのような仕組みでトゲが機能するのであろうか。オスの精液物質を放射性同位体で標識することによって，その行方を追跡すると，トゲの長いオスでは交尾後に精液物質がメスの体内に拡散するのが早かった（Hotzy et al. 2012）。トゲはメスの体内で精液物質を移動させるのに役立っているようである。しかし，移動した精液物質が精子の受精確率を向上させる過程については未解明である。

4-2-3　交尾器と交尾継続時間

　オスの交尾器のトゲが持つ機能の候補は，いくつか提唱され，検証されている。オスが交尾器を使ってメスの受精嚢の中から他オスの精子をかき出すことが，さまざまな昆虫で知られている（Simmons 2001）。それらの多くでは，先端が鉤状になっているなどの交尾器の特殊な構造が精子のかき出しに機能している。しかし，ヨツモンマメゾウムシのオスが交尾器を使って精子をかき出すことはなさそうである。オスの交尾器のトゲは，メスの受精嚢につながる管よりもはるかに短いため受精嚢に届かず，また，受精嚢内に精子を保有しているメスと交尾させても，オスの交尾器に精子の付着が見られないからである（Eady 1994a）。

　ヨツモンマメゾウムシのメスは交尾中にオスを蹴るので，オスはメスの生殖管にトゲを突き刺して交尾器が外れるのを防ぎ，交尾を長く続けるのではないかとも考えられた。しかし，地域集団間のトゲの違いを利用した研

究では，トゲの長さと交尾継続時間との関係は認められなかった（Rönn & Hotzy 2012）。それに加えて，ヨツモンマメゾウムシのオスにとって，交尾を長く続けることの利益が不明である。一般的な考えでは，長時間の交尾は，メスが他のオスと交尾するのを抑制するか，あるいは多くの精子を移送して精子競争における受精成功度を高めることで，オスに利益を与える。しかし，ヨツモンマメゾウムシでは，メスの後脚を切除することで通常より長く交尾させても，その後にメスの交尾が抑制されることも，オスの受精成功度が増加することもなかった（Edvardsson & Canal 2006）。

　メスが交尾中にオスを蹴るのは，交尾を終わらせようとする行動で，長時間交尾がメスにとって不利益であるがゆえの行動であると直感的には思われる。しかし，ヨツモンマメゾウムシでは，メスが蹴り始めた時点で人為的に交尾をやめさせた場合，交尾を自然に終了させた場合に比べて，メスの寿命が短く，成虫まで育った子の数が少なかった（van Lieshout et al. 2014a）。蹴り始めても，まだ交尾を続けたほうがメスの適応度は増加するようである。後脚を切除されて交尾中にオスを蹴ることができなかったメスは，蹴ることができたメスよりも長生きしたという意外な研究結果も報告されている（Wilson & Tomkins 2014）。

　さらに，オスを蹴るというメスの行動には，オスが影響力を持っているようである。オスは状況に応じて交尾継続時間を変え，精子競争の起こりやすい状況下では交尾を長く続けるということが，さまざまな昆虫で明らかにされている（Simmons 2001）。近くにオスがたくさんいると，精子競争の起こる公算が大きい。ヨツモンマメゾウムシでは長時間交尾の利益は明らかでないものの，交尾前に他のオスと接触させたオスは，他個体と隔離されたオスよりも長時間交尾を行い，それとともにメスが蹴りを開始するのを遅らせた（Wilson & Tomkins 2014）。このことから，メスがオスを蹴る行動はオスの都合で操作されているのではないかと考えられている。メスが交尾中にオスを蹴る理由は，メスの適応的な行動という観点では説明できないようである。

　アズキゾウムシでは，オスの交尾器の形状と交尾継続時間との関係が研

図 4-5　アズキゾウムシの交尾　1 回の交尾は平均およそ 40 秒間である。

究されている (Sakurai et al. 2012)。オスの交尾器先端部には一対の骨片があり，骨片にトゲがある。オスの交尾器は，普段は体内に格納されており，交尾（図 4-5）を行うときに伸び出てくる。その長さはオスの体長の半分くらいありそうに見え，交尾後に体内に戻すのに数分間かかる。交尾器の骨片の大きいオスほど交尾継続時間が短く，交尾を短時間で終えると交尾器を体内に戻すのにかかる時間が短いこと，そして，交尾器の骨片の大きいオスは早く別のメスと交尾できることが明らかにされた。骨片は 1 回の交尾で費やす時間を短縮し，多くの交尾機会を獲得するのに役立っていると考えられる。その一方で，アズキゾウムシの別の研究結果 (Katsuki & Miyatake 2009) からは，交尾継続時間が長いと，精子の移送量が多くなり，その後メスの交尾が抑制されるのではないかと推論される。オスの交尾器形態の機能と進化を理解するには，雌雄それぞれにとっての最適な交尾継続時間を明らかにする必要がある。

4-3　オスとメスの拮抗的共進化

4-3-1　性的対立が引き起こす共進化の道筋

精子は卵よりもはるかに小さく，オスは膨大な数の精子をつくることができる。多くの場合，オスは 1 回の交尾でメスの卵が全て受精するのに十

分な精子を渡すので，メスの子の数は1回交尾すれば最大値に達し，それ以上交尾しても増加しないと考えられる．一方，オスは新たにメスと交尾するたびに自分の子が増えるので，オスの適応度は交尾回数に伴って増加すると考えられる．この伝統的な考え方は，キイロショウジョウバエの研究（Bateman 1948）によって最初に実証され，ベイトマンの原理（Bateman principle）と呼ばれる．交尾相手の増加につれて子がどれだけ増加するのかを表す値（交尾相手数に対する子の数の回帰係数）はベイトマン勾配と呼ばれ，ベイトマンの原理に従うならメスよりもオスで大きい．ヨツモンマメゾウムシとアズキゾウムシともに，ベイトマン勾配が推定されており，その値はメスよりもオスで大きい（Fritzsche & Arnqvist 2013）．

現在では，ベイトマンの原理が単純には当てはまらない例が数多く知られている（4-4-1参照）ものの，メスよりもオスのベイトマン勾配が大きいというのは一般的な傾向である．そのうえ，本章の冒頭で述べたように交尾がコストを伴うとなれば，メスは必要以上に交尾すると適応度が低下するはずである．オスとメスが出会ったとき，交尾することがオスにとっては利益でメスにとっては不利益という状況は多いであろう．この状況では，メスとオスの利害が一致しないことによって性的対立（sexual conflict）[4]が生じる（Parker 1979; Arnqvist & Rowe 2005）．交尾をめぐる性的対立は，以下のような進化を引き起こすと考えられている．オスは交尾しようとメスに求愛するのに対して，メスは求愛されるたびに交尾に応じると不利益を被るため，交尾に抵抗するように淘汰を受ける．メスが抵抗する行動や形態形質を進化させると，オスはなかなか交尾できなくなり，メスの抵抗に打ち勝つオスだけが交尾に成功するという形でメスの配偶者選択（female mate choice または female choice）が生じる．オスに淘汰が働き，メスに交尾を促すように刺激する形質や強要する形質が進化する．そうすると，メスはさらに強く抵抗するように淘汰を受ける．このように，片方の性の形質が進化すると，それに対抗する形質に有利な淘汰が反対の性で

---

[4] 本章で単に「性的対立」と呼ぶものは，遺伝子座間性的対立に該当する（Box 4-1参照）．

働くという過程［性拮抗的淘汰（sexually antagonistic selection）］が繰り返されると考えられる。両性の形質が対抗し合いながら進化していくことは，性拮抗的共進化（sexually antagonistic coevolution）と呼ばれる[5]。

　Gerris 属に分類されるアメンボ 15 種の比較研究（Arnqvist & Rowe 2002）は，性拮抗的共進化の進行過程を浮かび上がらせた。アメンボの交尾は，オスがメスの背中に乗った状態で行われる。交尾の開始前から終了後しばらくたつまでの間，メスはオスを背負っており，動きが鈍くなるため，カエルやマツモムシなどの捕食者に襲われやすく，採餌もしづらい（Rowe 1994; Arnqvist 1997）。交尾はかなりのコストを伴う活動である。交尾しようとするオスは，メスの背側から腹部をつかみ，メスの背中に乗ろうとする。メスはオスを振り落とそうと宙返りし，激しくもがく。メスの抵抗を耐え抜かなければ交尾できないので，メスをしっかりつかんで離さないオスが交尾に成功しやすい。オスの交尾器が長いほど，そして腹部が平らであるほど，メスをつかむのに適している。それに対してメスは，腹部のトゲが長く，腹部の先が下向きに曲がっているほど，オスにつかまれにくい。

　オスの形態がメスをつかむのに適している種では，メスがつかまれにくい形態を持っているという関係が見られた。この関係は，オスとメスの共進化の軌跡を表していると想定される。オスの「つかむ」形態が発達していれば，オスが交尾に成功しやすく，交尾頻度（時間当たり交尾回数）が高いのではないかと予測されるが，そのような関係は見られなかった。共進化が起こっており，オスの「つかむ」形態が発達している種では，メスの「つかまれにくい」形態も発達しているために，オスがたやすくは交尾できないからだと考えられる。

　しかし，全ての種が共進化の軌跡にぴったり沿っているわけではなく，いくぶんそれている種，つまり片方の性の形質が反対の性に比べて発達しているという種もあった。そのような種は，雌雄どちらかが共進化の競争

---

[5] 性拮抗的共進化という考え方を適用して，メスを引き付けるオスの誇張された形質とその形質に対するメスの選好性の進化を説明するのが，性淘汰の「チェイスアウェイ（chase-away）」モデル（Holland & Rice 1998）である。

上リードしている状態にあると言える。どちらの性がリードしているのかが交尾頻度と関係しており，相対的にオスの形質が発達している種では交尾頻度が高く，相対的にメスの形質が発達している種では交尾頻度が低かった。これらの関係から，交尾をめぐるオスとメスの対立が，オスの「つかむ」形態とメスの「つかまれにくい」形態との拮抗的共進化の原動力であるという結論が導かれた。

4-3-2 種間比較による検証

マメゾウムシで見られるようにオスが交尾器のトゲによってメスを負傷させるとき，性拮抗的共進化の概念を踏まえると，メスが一方的に不利益を受けるのではなく，対抗する形質が進化すると期待される。この共進化の仮説を検証するために，種間比較研究が行われている（Rönn et al. 2007）。研究対象は，*Callosobruchus* 属に分類されるヨツモンマメゾウムシ，アズキゾウムシ，アカイロマメゾウムシ（ワモンマメゾウムシ）*C. analis*[6]，ローデシアマメゾウムシ *C. rhodesianus*，ハイイロマメゾウムシ（タテモンマメゾウムシ）*C. phaseoli* およびフタゴマメゾウムシ *C. subinnotatus* と，別属のブラジルマメゾウムシ *Zabrotes subfasciatus* の計7種である。

電子顕微鏡下でオスの交尾器を観察すると，トゲの発達度合いに種間で差があり，メスの生殖器を観察すると，生殖管壁を分厚くする結合組織の量に種間で差があった（図4-6）。種間での形質の違いは，進化の歴史を表す系統関係の影響を受ける。2つの種が系統的に近い関係にあるほど，両種が分岐してからの時間が短く，共通祖先の形質を引き継ぎやすいからである。研究対象7種の系統関係は，ミトコンドリアDNAの塩基配列に基づいて推定されている（Tuda et al. 2006）。系統関係の影響を統制した分析の結果，オスの交尾器のトゲが発達している種ほどメスの生殖管壁が結合

---

[6] この研究で用いられた「アカイロマメゾウムシ」は，他種を誤認していた疑いがある（Rönn et al. 2011）。ただし，この「アカイロマメゾウムシ」と研究に用いられた他の種との間で遺伝的な差異が認められ，分析では遺伝的差異に基づく系統関係が利用されているので，種を誤認していても，結果には実質的に影響しないであろう。

4-3 オスとメスの拮抗的共進化　　　　　　　　　　　　　　　　　　　　139

組織で分厚くなっているという関係が見いだされた(図4-7)。この関係は，オスの形質とメスの形質の共進化を表しており，分厚い生殖管壁は，オスの交尾器のトゲが貫通するのを食い止める対抗適応ではないかと推測される。

　これらのマメゾウムシのメスを1回交尾させた後，シャーレにオスと一緒に入れて同居飼育すると，オスと隔離して飼育したときと比べて，寿命が大幅に短くなる種もあれば，ほとんど変わらない種もあった(Rönn et al. 2006)。オスと同居させたメスは何回も交尾を行うことになるため，同居に

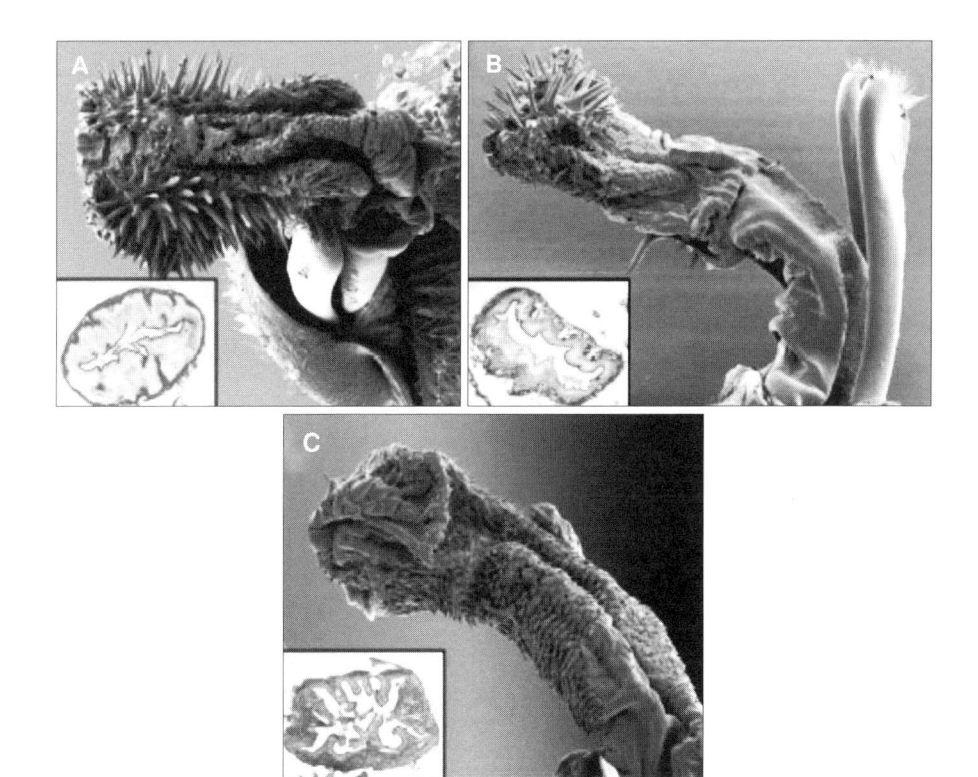

図4-6　同属の3種におけるオスの交尾器およびメスの生殖管の断面(左下の写真)
A：アカイロマメゾウムシ(脚注6参照)。B：ローデシアマメゾウムシ。C：タテモンマメゾウムシ (Rönn et al. 2007. Proceedings of the National Academy of Sciences of the United States of America. 104: p.10922, Fig.1 より，許可を得て転載)。

よる寿命の減少程度は，交尾から被るコストの大きさであると見なされた。メスの分厚い生殖管壁が対抗適応であるなら，オスの交尾器のトゲが発達した種でも，メスの被る交尾のコストは生殖管壁の強化によって軽減されるはずである。オスの交尾器のトゲとメスの生殖管壁の厚さとのバランスが交尾のコストに影響すると予測される。系統関係を考慮した分析を行うと，予測どおり，トゲの発達度合いの割にメスの生殖管壁が厚いという種ではコストが小さく，その逆の種ではコストが大きいという関係が検出された（図4-7）。ヨツモンマメゾウムシの場合，オスの交尾器のトゲが大きく発達しているものの，メスの生殖管壁が非常に分厚くて，メスの受けるコストは中くらいである（図4-7）。アズキゾウムシやブラジルマメゾウム

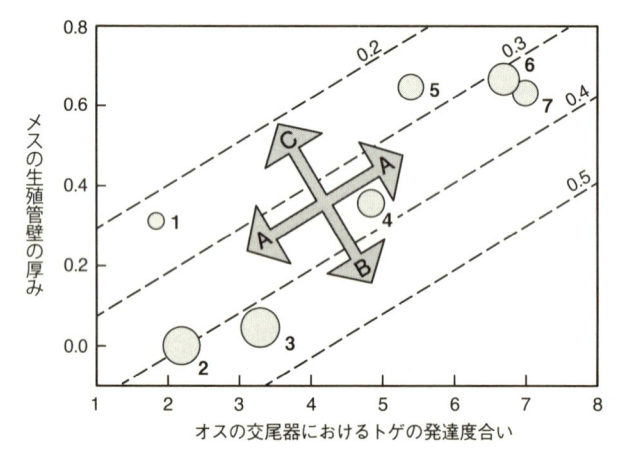

図4-7 マメゾウムシ7種におけるオスの交尾器のトゲとメスの生殖管壁との共進化
円はそれぞれの種を示し（1：タテモンマメゾウムシ，2：ブラジルマメゾウムシ，3：アズキゾウムシ，4：フタゴマメゾウムシ，5：ローデシアマメゾウムシ，6：アカイロマメゾウムシ（脚注6参照），7：ヨツモンマメゾウムシ），円の大きさがメスの被る交尾のコストの大きさを表している。矢印のAはオスの交尾器のトゲとメスの生殖管壁との共進化に沿った方向を示している。矢印のBの方向に進むと，オスの交尾器のトゲが相対的に発達しており，矢印のCの方向に進むと，メスの生殖管壁が相対的に発達していることを意味する。メスの被るコストは，A方向に移動しても変化しないが，B方向に移動すると大きくなり，C方向に移動すると小さくなる。破線は，オスの交尾器におけるトゲの発達度合いとメスの生殖管壁の厚みとの関係から予測されるコストの大きさを等高線状に表している（Rönn et al. 2007. Proceedings of the National Academy of Sciences of the United States of America. 104: p.10921, Fig.2 より，許可を得て転載）。

シの場合，オスの交尾器のトゲはそれほど発達していないものの，メスの生殖管壁はそれ以上に貧弱であり，メスは大きなコストを被る（図4-7）。

　前出の知見と合わせ，次のように進化の道筋が描かれる。精子競争による淘汰は，オスの交尾器のトゲを発達させる方向に働いている。ゆえに，オスの交尾器のトゲは，競争相手のオスに対抗する手段として進化し，副作用としてメスの生殖管を損傷させる。損傷を受けるとメスは不利益を被るので，対抗適応として分厚く強化された生殖管壁が進化する。精子競争が存在するかぎりオスの交尾器のトゲが発達し続け，それに伴ってメスの生殖管壁に淘汰が働く結果，オスの交尾器とメスの生殖管の共進化が起こる。

　この種間比較研究（Rönn et al. 2007）は重要な知見をもたらしたが，注意すべき点がある。メスが被る交尾のコストは「オスとの同居による寿命の減少程度」として評価されたという点である。しかし，メスがどのくらいの頻度で交尾を行うのかは，種によって違う（Katvala et al. 2008）。ヨツモンマメゾウムシのメスは，最初に交尾してから数日後にオスと接触すれば，ほぼ全て再び交尾する（Miyatake & Matsumura 2004）が，アズキゾウムシでは再交尾しないメスがかなり多い（Miyatake & Matsumura 2004; Harano & Miyatake 2005, 2007a）。同居によるコストの差には，交尾回数の差が影響しているかもしれない。交尾回数をコントロールしてメスの適応度に与える影響を評価する必要があり，それに関連した議論を次項（4-4-3）で展開する。

　さらに，オスとの同居でメスが被るコストの原因には，交尾だけではなく，性的ハラスメント（sexual harassment）もある（Partridge & Fowler 1990）。メスが交尾を受け入れなければ，オスはしつこく求愛し続け，そのようなオスの性的ハラスメントはメスの適応度を低下させるかもしれない（Arnqvist & Rowe 2005）。アズキゾウムシでは，性的ハラスメントの影響が明らかにされている。交尾器を人為的に切除されたオスは交尾不能になるが，依然として交尾を試みるので，それらと同居させたメスは，交尾することなく性的ハラスメントを受ける。メスを1回交尾させた後に，交尾不能オスと同居飼育したときの産卵数は，メスのみで飼育したときよりも減少し

た (Sakurai & Kasuya 2008)。ヨツモンマメゾウムシのメスでも，性的ハラスメントのコストがある。ヨツモンマメゾウムシのメスでは，交尾後に次の交尾を受け入れない期間が少なくとも6時間あり，その6時間オスと同居させると産卵数が減少した (Gay et al. 2009)。性的ハラスメントは，マメゾウムシの交尾行動の進化に重要な役割を果たしているようである。このことについては後述する (4-6-2)。

4-3-3　実験進化による検証

　種間比較研究は，多数の生物種における現在の形質状態を見渡すことから，過去に起こった進化を探求するという手法である。一方，特定の条件を設定して継代飼育を行い，その場で起こる進化を観測するという実験進化 (experimental evolution) の手法も利用されている。無作為に選ばれたオスとメスを1頭ずつペアにして他個体と隔離した「一夫一妻 (monogamy)」条件では，オスにとってメスの産む子は全て自分の子なので，メスの適応度の低下は自分の適応度の低下に等しい。オスとメスの利害が完全に一致する。そのため，メスの適応度を下げる形質は進化しないと予測される。通常の飼育時のように多数の雌雄個体が接触し合う「多夫多妻 (polygamy)」条件では，オスとメスの利害の不一致がある。ヨツモンマメゾウムシでは，成虫を一夫一妻と多夫多妻それぞれの条件下で繁殖させることを通して継代飼育を行うと，10世代以上経過後には，一夫一妻系統の雌雄集団からは，多夫多妻系統の雌雄集団に比べて，多くの子が生まれるようになった (Maklakov et al. 2009)。性的対立から解放されることによって繁殖形質の進化が起こったと考えられる。

　一夫一妻条件では，精子競争上の利点が発揮される機会はなく，メスに危害を及ぼす交尾器を持つオスは淘汰されて，オスの交尾器のトゲは短くなると予測される。トゲの長さを計測すると，一夫一妻系統のなかで体の大きなオスは，多夫多妻系統の同サイズのオスに比べて短いトゲを持っていた (Cayetano et al. 2011)。ただし，体の小さなオス同士で比べると，そうでなかった。小さなオスは，もともと短いトゲしか持っていない。おそ

らく，交尾を成立させるのに最小限のトゲは必要なために，一夫一妻条件でも，小さなオスのトゲはそれ以上には短くならなかったと推論される。

別の研究では，ヨツモンマメゾウムシを一夫一妻条件下で90世代飼育した後，多夫多妻条件に変えて30世代飼育した系統と，そのまま一夫一妻条件で飼育を続けた系統とを確立した（Gay et al. 2011a）。一夫一妻系統のメスを多夫多妻系統のオスと交尾させると，一夫一妻系統のオスと交尾させたときよりも，生殖管に残った傷痕が多かった。オスとメスの利害が一致しなくなると，オスの交尾器がメスを傷つけるように進化したのである。さらに，メスの対抗適応も見られた。一夫一妻系統のメスと比べて，多夫多妻系統のメスは，同じだけ傷を受けても寿命と産卵数がそれほど低下しなかった。つまり，メスが傷に耐えられるように進化した。このように，メスに危害を及ぼすオスの形質の進化と，その悪影響を打ち消すメスの対抗適応の進化が実際に観察されている。

性的対立の強さの異なった条件を設けるには，一夫一妻にして性的対立を排除する以外に，性比を変えるという方法がある。集団の性比がオスに偏れば，メスをめぐるオス同士の競争が熾烈になり，メスは頻繁にオスから交尾を迫られるため，性的対立が激しくなるはずである。逆に性比がメスに偏れば，オス同士の競争は弱く，メスがオスに求愛される頻度が減少し，性的対立は緩和されるはずである。性比の偏った成虫集団をつくって繁殖させることを通して，ヨツモンマメゾウムシを11世代飼育した。性比がメスに偏った条件，すなわち弱い性的対立の下で継代飼育された系統に比べて，強い性的対立の下で継代飼育された系統では，雌雄ともに細菌に対する免疫機能が低かった（van Lieshout et al. 2014b）。性的対立の下で，オスは交尾または受精の成功に有利な形質，メスは対抗適応となる形質を進化させるのと引き換えに，免疫機能に投資する資源が減少したと推論される。個体の保有する資源は有限であり，ある形質に多くの資源を費やせば，他に回す資源が減るというトレードオフの関係は，普遍的に存在する。性的対立の影響は，形質間のトレードオフを介して，交尾および繁殖と直接関係しない形質の進化にも波及するようである。

4-3-4 メスに有害な精液

　オスの交尾器のトゲだけでなく，精液もメスに不利益を与える可能性がある。例えばショウジョウバエでは，精液に含まれる有害成分がメスを早死にさせる (Chapman et al. 1995)。長時間交尾したり，何回も交尾したりすると，メスの生殖管の傷がひどくなると同時に，受け取る精液が増加するはずである。メスが交尾を繰り返すと早く死ぬのは，精液のせいかもしれない。ヨツモンマメゾウムシのオスを短時間に何回も交尾させると，精液を消耗し，メスに移送される精液の量が交尾のたびに減っていく (Eady 1995; Fox et al. 1995)。つまり，未交尾のオスと交尾させたメスが精液を最も多く受け取る。一方，精液を消耗させたオスと交尾させたメスは，精液を少量しか受け取らないが，生殖管に大きな傷を負うと分かった。これらのメスの寿命を比較すると，受け取った精液が多く，かつ生殖管の傷は小さいというメスのほうが早く死亡した。実験中，豆すなわち産卵場所をメスに与えなかったので，産卵はほとんどなく，卵をたくさん産んだために寿命が短かったというわけではない。この研究結果 (Eady et al. 2007) から，精液に有害作用があり，それがメスの生存に及ぼす悪影響は生殖管の傷よりも大きいと示唆された。

　精液に含まれる物質は，精巣，貯精嚢および付属腺といったオスの生殖器官に由来する (Gillott 1998, 2003)。アズキゾウムシでは，オスの生殖器官から抽出された成分を人為的にメスの体内に注入するとメスの生存期間が短縮することから，精液はメスの生存に有害な物質を含んでいると考えられる (Yamane 2013)。昆虫の精液に含まれる物質のなかには，メスの交尾受容性を低下させる効果を示すものもある (Eberhard 1996; Birkhead 2000)。オスの生殖器官から抽出された成分を体内に注入すると，ヨツモンマメゾウムシのメスでは交尾受容性が低下し (Yamane et al. 2008a)，アズキゾウムシのメスでも交尾受容性が低下した (Yamane et al. 2008b)。両種とも，メスの交尾受容性を低下させる物質が精液に含まれていると考えられる。

　このような物質はオスに利益をもたらす。メスが自分と交尾した後に他

のオスと交尾するのを抑制できるからである。しかし，メスの行動を制御する生理機構に作用する物質であるため，メスに有害な副作用があるかもしれない。その場合，メスが物質を分解し，解毒するという対抗適応の進化が予想される。分解した物質を栄養として有効利用するような適応もあるかもしれない(Arnqvist & Nilsson 2000)。そうなれば，メスに分解されないように物質を大量に移送するか，あるいは新たな物質を含むといったオスの精液の進化が起こり，そして，メスではさらに対抗適応が進化すると期待される。

　上で挙げた7種のマメゾウムシの比較分析から，オスが1回の交尾で送り込む精液重量が大きい種ではメスの受精嚢，交尾嚢(bursa copulatrix)および付属腺が大きいという関係が検出されている(Rönn et al. 2011)。精液はメスの交尾嚢に移送される。交尾嚢で精液が分解処理されるときに，おそらく付属腺も関与する。オスの精液量が増大する進化が起こると，対抗してメスの生殖器官が大量の精液を処理できるように進化するのかもしれない。まだ根拠の乏しい推測であるが，有害作用を持つ精液とメスの生殖器官の対抗適応との拮抗的共進化が展開されているかもしれない。

4-4　メスの適応度に対する多回交尾の影響

4-4-1　メスはなぜ多回交尾を行うのか

　メスの適応度を低下させるオスの形質が進化するのは，メスの多回交尾に根本的な原因があると考えられる。なぜメスは多回交尾を行うのであろうか。行動生態学において特に注目を集めてきた疑問の1つである。前節で述べたベイトマンの原理に従うなら，複数のオスと交尾してもメスの適応度は増加しないので，メスの多回交尾を進化させる淘汰は働かないであろう。しかし，現にメスの多回交尾は動物で広く見られる(Thornhill & Alcock 1983; Birkhead & Møller 1998; Birkhead 2000)。この事実から，メスは多回交尾によって何らかの適応度上の利益を得ると仮定され，その利益の解明を目指した研究は，性的対立の概念が注目される以前から積み重

ねられている。

　昆虫では，メスの寿命や産卵数に対する多回交尾の影響が多くの種で研究されている。昆虫78種122例の研究をまとめた分析 (Arnqvist & Nilsson 2000) では，メスが多回交尾したときの生涯産卵数は，1回しか交尾しなかったときに比べて平均で30〜70％ほど多いと算出された。この分析結果に基づき，昆虫におけるメスの多回交尾には，一般的に産卵数の増加という適応度上の利益があると結論されている。ただし，産卵数は適度な交尾回数で最大になり，それを超えると減少に転じるという傾向も示された。交尾がさまざまなコストを伴うことから予測されるとおり，最適回数以上に交尾するとメスの適応度は低下することを支持する結果である。ゆえに，メスの多回交尾の利益があるとしても，メスの最適交尾回数はオスよりもはるかに少なく，交尾をめぐる性的対立が頻繁に生じることに違いはない。

4-4-2　メスの多回交尾による産卵数の増加

　先に挙げた研究結果は，ヨツモンマメゾウムシのメスの多回交尾が寿命を縮めることを示している (4-1-1)。この他にも，本種のメスの寿命または産卵数に対する多回交尾の影響を検証した研究は数例ある。それらを要約すると，寿命に対する多回交尾の影響は，プラスである (Fox 1993; Tseng et al. 2007)，マイナスである (Savalli & Fox 1999; Crudgington & Siva-Jothy 2000)，そして影響がない (Eady et al. 2007; van Lieshout et al. 2014a) という結果があって，一概に言えない。産卵数に対しては，おおむねメスの多回交尾はプラスの効果を与えるという結果 (Fox 1993; Savalli & Fox 1999; Wilson et al. 1999; Tseng et al. 2007; van Lieshout et al. 2014a)[7] である。

　多回交尾による産卵数の増加を生み出す要因は何であろうか。ヨツモンマメゾウムシのオスは未交尾，つまり精子を消耗していない状態であれ

---

[7] ただし，1回しか交尾させなかった場合に比べて，交尾が2回程度では産卵数が少なく，それ以上の回数だと多くなるという複雑な関係を示している研究 (Arnqvist et al. 2005) もある。

ば，1回の交尾でおよそ46,000もの精子をメスに渡す（Eady 1994b）。この数はメスの受精嚢の収容量を大幅に超えており，交尾後にメスの受精嚢に蓄えられる精子は6,200ほどである（Eady 1994b）。全ての精子が受精に有効とは限らないが，メスの生涯産卵数は多くても200以下（梅谷・清水 1968; Fox 1993）なので，桁違いに多い。メスは1回の交尾で十分すぎるほどの精子を受け取り，精子を補充する必要はなさそうである。だとしたら，産卵数の増加に貢献するのは，精子以外の何かである。

　ヨツモンマメゾウムシのメスの産卵数に対する多回交尾の影響を明らかにした研究の1つ（Tseng et al. 2007）では，メスの羽化時と死亡時の体重が測定されている。1回しか交尾させなかったメスと比べて，2回交尾させたメスは生涯で多くの卵を産んだにもかかわらず，体重は同じくらいしか減っていなかった。これらのメスは餌も水も与えられていなかったので，重量換算で産卵数の差を埋め合わせるだけのものを，精液から体内に取り込んだことになる。死亡後のメスの卵巣を解剖すると，いずれのメスでも産み残している卵がほとんどなかったので，産卵数の差は卵の生産数の差に等しい。メスは精液中の何らかの成分を利用して卵を増産すると考えられる。

　本章の冒頭で述べたように，昆虫の精液や精包がメスの栄養になるという事例はたくさんあるが，精液は栄養分以外に水分もメスに供給する可能性がある。ヨツモンマメゾウムシは豆の貯蔵場所のような乾燥した環境に適応しており，成虫は水を全くとらずに繁殖できるが，水を摂取すれば長生きし，メスは多くの卵を産むことができる（Edvardsson 2007）。ゆえに，水分の獲得はメスの適応度を向上させる。ヨツモンマメゾウムシのオスは，1回交尾すると体重が5％，ときには10％も減る（Fox et al. 1995; Savalli & Fox1998; Savalli et al. 2000）。つまり，メスに渡る精液は，オスの体重の5％以上に達する。メスが精液から水分を吸収して利用できるなら，多回交尾によって多量の水を入手できるであろう。飼育時に水を与えたメスと与えなかったメスを比較すると，給水されなかったメスのほうが再交尾しやすかった（Edvardsson 2007; Fox & Moya-Laraño 2009; Ursprung et al.

2009)。このことに基づいて，ヨツモンマメゾウムシでは，精液からの水分補給がメスの多回交尾の利益であるという仮説が有力視されている (Edvardsson 2007; Ursprung et al. 2009)。

アズキゾウムシでも，メスは給水されると多くの卵を産むことができ (梅谷・清水 1968)，飼育時に給水されたメスに比べて，給水されなかったメスは再交尾しやすかった (Harano 2012)。ヨツモンマメゾウムシと同様である。しかし，ヨツモンマメゾウムシとアズキゾウムシは，体の大きさはほぼ同じ [メスの平均体重は，ヨツモンマメゾウムシが 4.67 mg，アズキゾウムシが 4.34 mg (Colgoni & Vamosi 2006)] であるが，オスが 1 回の交尾で移送する精液は，ヨツモンマメゾウムシでは平均 0.2 mg なのに対して，アズキゾウムシでは平均 0.035 mg である (Katvala et al. 2008; Rönn et al. 2011)。アズキゾウムシのメスが精液から水分を吸収しても，手に入る水は少量であろう。そして，以下で詳しく述べるが，再交尾で精液を受け取っても産卵数の増加は見られない。アズキゾウムシでは，精液からの水分補給がメスの多回交尾の利益ということはなさそうである。給水によるメスの再交尾受容性の低下が見られても，精液からの水分補給の利益という説を裏付ける根拠としては不十分と思われる。

ヨツモンマメゾウムシでは，メスの再交尾に対する栄養分の影響も検証されているものの，砂糖水で給餌されたメスは，水だけを与えられたメスよりも再交尾しにくいという結果 (Fox & Moya-Laraño 2009) と，給餌はメスの再交尾に影響しないという結果 (Ursprung et al. 2009) の両方がある。精液による栄養供給の可能性も否定できない。まとめると，ヨツモンマメゾウムシでは，精液中の栄養分かまたは水分の獲得によって卵生産が増加するというのが，メスがなぜ多回交尾を行うのかという疑問に対する 1 つの答えである。

4-4-3　メスの適応度に対する多回交尾の影響をいかに評価するか

一口にメスが多回交尾を行うといっても，その度合いは種によってさまざまである (Ridley 1988; Torres-Vila et al. 2004)。近縁種であるヨツモンマ

メゾウムシとアズキゾウムシとでも大きく異なる（Miyatake & Matsumura 2004; Katvala et al. 2008）。メスの適応度に対する多回交尾の影響は，主にメスの多回交尾が頻繁に見られる種で研究されてきた（Ridley 1988; Torres-Vila et al. 2004）。上述のとおり，昆虫では一般的にメスの多回交尾によって産卵数が増加するという傾向が導き出されている（Arnqvist & Nilsson 2000）ものの，メスの多回交尾の度合いに関して分析対象種に偏りがある。

　全てのメスが多回交尾を行うような種でない場合，検証にあたり注意すべき問題がある。まずは，普遍的に採用されている実験デザインの概略を述べる。メスを無作為に２つのグループに分け，一方のグループのメスには多回交尾（たいていは２回交尾）させる。つまり，このグループのメスは多回交尾の影響を受ける。もう一方のグループのメスには１回しか交尾させない。こちらのグループのメスは多回交尾の影響を受けない。これら２グループ間で産卵数や寿命を比較することで，多回交尾の影響が評価される。以上の手順で実行するとき，メスがそれほど多回交尾を行わない種だと，２回目の交尾をさせようとしても交尾を拒否するメスが出てくる。拒否したメスは「多回交尾させるグループ」でありながら，多回交尾の影響を受けない。多回交尾の影響を受けさせるという目的が果たされていないので，そのようなメスは除外されるのが普通であり，多回交尾を受け入れたメスだけでグループが構成されることになる。

　アズキゾウムシのメスは，１回交尾させた後に再び交尾する機会を与えても，かなりの割合が再交尾しない（Miyatake & Matsumura 2004; Harano & Miyatake 2005, 2007a）。再交尾を拒否したメスと受け入れたメスを比較すると，拒否したメスは体が小さいうえに，産卵数が少なく，寿命が短かった（Harano et al. 2006）。この産卵数や寿命の差は，再交尾したか否かの結果として生じたのかもしれないが，高い生存力と繁殖力を元から備えていたメスが再交尾を受け入れたという可能性が大いにある。少なくとも体サイズの差は，元から備わっていたものである。これら再交尾を拒否したメスと受け入れたメスの違いは，遺伝的要因によるかもしれないし，環境要因によるかもしれない。いずれにしても，拒否したメスを除外すると，多

回交尾させるグループは，体が大きくて生存力や繁殖力の高いメスが割り当てられることになるであろう（図4-8 A）．それに対して，1回しか交尾させないグループには，体が小さくて生存力や繁殖力の低いメスも割り当てられている（図4-8 B）．2つのグループは無作為に分けられたものではなくなり，両者の比較は適切でない（図4-8）．

　ここで論じた問題の原因は，一方のグループでのみ，再交尾を拒否したメスの除外という操作を加えることにある．そのため，多回交尾させるグループだけでなく，1回しか交尾させないグループからも再交尾を拒否するメスを除外すれば，解決される．メスが再交尾を拒否するか受け入れるかは，そのメスに再交尾機会を与えて，観察してみないと分からない．しかし，1回しか交尾させないグループのメスが再交尾の影響を受けてはならない．

　アズキゾウムシの交尾は平均およそ40秒間である（Harano & Miyatake 2005）．未交尾のメスを交尾させ，交尾開始後すぐ，遅くとも5秒以内にオスを引き離して交尾をやめさせてみると，そのメスの産んだ卵は全て孵化しなかった．この処理を行えば，精子は移送されず，メスが交尾の影響，少なくとも精液の受け取りの影響をほぼ受けないであろう．後の研究で，メスの受精嚢を解剖して観察した結果，交尾開始から10秒後でも精子の移送がないことが確認された（Katsuki & Miyatake 2009）．

　そこで，以下の手順で検証を行った．メスを無作為に2つのグループに分け，どちらのグループでも1回交尾させた後に再交尾機会を与え，再交尾を拒否したメスは全て除外した．一方のグループでは，メスの再交尾が自然に終了するのを待った．このグループのメスは再交尾の影響を受ける（図4-9 A）．もう一方のグループでは，メスが再交尾を開始するとすぐ人為的に再交尾をやめさせた．こちらのメスは再交尾の影響を受けない（図4-9 B）．これら2つのグループを比較して，再交尾の影響を評価した（図4-9）．開始後すぐに再交尾をやめさせたメス，すなわち再交尾の影響を受けなかったメスの産卵数は，再交尾の影響を受けたメスよりも多かった（Harano et al. 2006）．この結果は，アズキゾウムシのメスの適応度に対し

4-4 メスの適応度に対する多回交尾の影響

**A 多回交尾させる
　グループ**

| 再交尾を拒否したメス
＝生存力や繁殖力が
低い | 再交尾を行ったメス
＝生存力や繁殖力が
高い |

**B 1回しか交尾させない
　グループ**

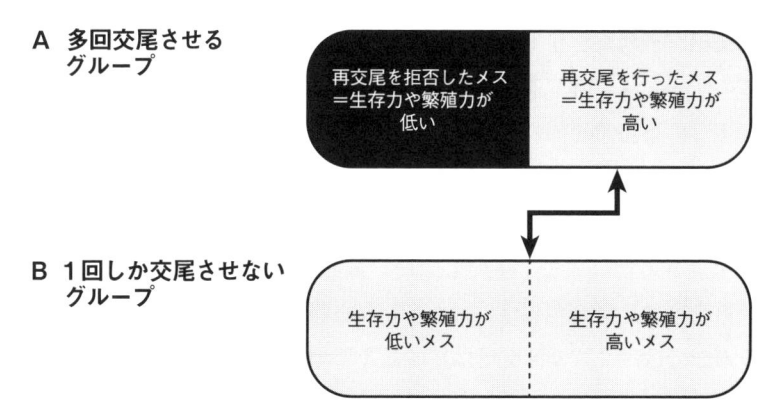

| 生存力や繁殖力が
低いメス | 生存力や繁殖力が
高いメス |

図4-8　メスの適応度に対する多回交尾の影響を検証する実験デザインの概念図　メスを2つのグループに分け，一方（A）は多回交尾させ，もう一方（B）は1回しか交尾させない。多回交尾させるグループのなかで再交尾を拒否したメスは，多回交尾の影響を受けていないため，除外されるのが普通である。しかし，体が小さく，生存力や繁殖力の低いメスが再交尾を拒否するという関係があれば，それらのメス（黒塗りの部分）を除外した後の多回交尾グループの構成は，1回しか交尾させないグループと異なる。そのため，これら2つのグループ（アミ版の部分）の比較は適切ではない。

**A 多回交尾の影響を
　受けさせるグループ**

| 再交尾を拒否したメス
＝生存力や繁殖力が
低い | 再交尾を自然に終了
させたメス
＝生存力や繁殖力が
高い |

**B 多回交尾の影響を
　受けさせないグループ**

| 再交尾を拒否したメス
＝生存力や繁殖力が
低い | 再交尾を人為的に中止
させたメス
＝生存力や繁殖力が
高い |

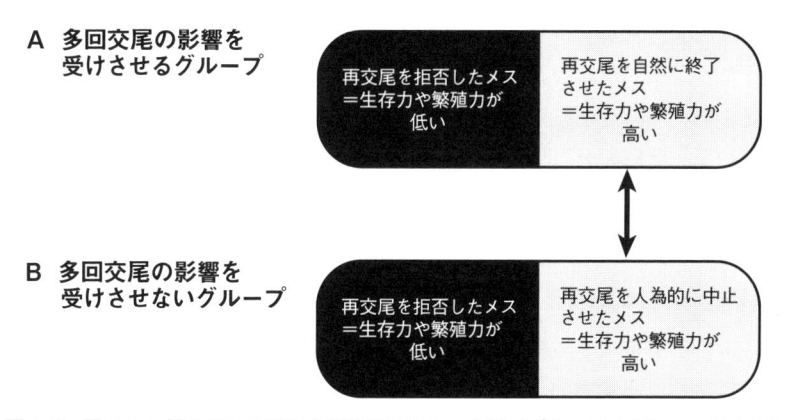

図4-9　図4-8で提示された問題を解決するための実験デザインの概念図　どのメスにも再交尾の機会を与え，再交尾を拒否したメス（黒塗りの部分）を全て除外した。一方のグループ（A）では，メスが再交尾を行ったときに自然に交尾を終了させたので，メスは再交尾の影響を受ける。もう一方のグループ（B）では，開始後すぐに再交尾を人為的に中止させたので，メスは再交尾の影響を受けない。これら2つのグループ（アミ版の部分）を比較することによって，メスの適応度に対する再交尾の影響を検証できる。

て再交尾が不利益を与えることを示している。

　この研究では，餌および水を与えてメスを飼育した。後に，餌も水も一切与えない条件で同様の実験を行うと，再交尾の影響を受けなかったメスと受けたメスの間で産卵数の差は見られなかった（Harano 2012）。餌と水のない条件では，メスの寿命はせいぜい 10 日間ほどで，なおかつ交尾後 3 日間を過ぎるとほとんど産卵しない。産卵期間がごく限られているために，再交尾の影響が現れないのかもしれない。いずれの条件でも，アズキゾウムシでは，メスの再交尾は産卵数を増加させないということが明らかになった。したがって，メスの多回交尾が頻繁に見られる昆虫種における一般的な傾向（Arnqvist & Nilsson 2000）と一致せず，近縁のヨツモンマメゾウムシとも異なっている。

4-5　子の適応度に対するメスの多回交尾の影響

4-5-1　メスの多回交尾の間接的利益

　メスの多回交尾の利益は，メス自身の適応度ではなく，子の適応度で現れるということも考えられる。子の適応度が増加すれば，孫の数が増加することになり，結局のところ子孫が増えるので，間接的に自分の適応度が上昇する。多回交尾を行った個体自体の適応度が増加することを直接的利益と呼ぶのに対して，子の適応度の増加を通してその個体の適応度が増加することを間接的利益（または遺伝的利益）と呼ぶ。

　メスが 1 回しか交尾しなかった場合，子の父親，言い換えると子の遺伝子の源となるオスは，1 頭に限られる。メスが多回交尾を行った場合，子の遺伝子の源となるオスが複数になる。複数のオスの子を産むと遺伝的多様性が増加し，そのことを通して間接的利益がもたらされる可能性がある。例えば，子が遺伝的に均一であると，どの子も同じ病気に対する抵抗性を持たないために，病気が流行したときに全滅する危険性が高い。遺伝的に多様な子を残せば，病気に対する抵抗性がそれぞれ異なるため，全滅する確率は低いであろう。環境が変動しても生き残る子が確保されるという点

で，メスの多回交尾は有利かもしれない。このような間接的利益は，限られた条件のみでメスの多回交尾の進化を促すということが，数理モデルとコンピュータシミュレーションを用いた研究で示されている（Yasui 1998, 2001）。

より普遍的に見込まれる間接的利益は，メスが複数のオスと交尾した後で，優れた遺伝子を持つオスの精子が選ばれることによるものである。優れた遺伝子を持つオスの精子が卵と受精すれば，遺伝的な質の高い子が生まれ，子の適応度の増加が期待される。交尾後，受精に到達するまでの過程で起こるオス間競争（male-male competition）が精子競争である。古くから知られているオス間競争は，配偶相手の獲得をめぐる交尾前の競争であり，カブトムシやシカのオスが角を突き合わせて行う闘争は代表的な例である。これらの角のような形質がオス間競争による性淘汰（sexual selection）を通して進化したという考えは，広く認められている。

性淘汰のもう1つのメカニズムが異性による配偶者選択であり，一般的には，メスによる配偶者選択である（Darwin 1871; Andersson 1994）。例えば，クジャクのオスの長い尾羽（正確には，上尾筒）のような形質は，その形質を持ったオスがメスに配偶相手として選ばれることを通して進化したと考えられる。近年では，交尾後に受精する精子が選ばれる過程でも，メスの配偶者選択が生じると認められている。すなわち，メスの行動，生理または形態が，精子の受精する確率におけるオス間の差をつくり出すということである。この過程は外から見られず，メスによる隠れた選択（cryptic female choice）と呼ばれる（Thornhill 1983; Eberhard 1996）。精子競争とメスによる隠れた選択とが，交尾後性淘汰のメカニズムである。

4-5-2 交尾後性淘汰と子の適応度

メスの多回交尾の間接的利益を検証している研究は少なくないものの，メスの多回交尾の進化において間接的利益がどれほどの役割を果たすのかは，議論の最中にある（Slatyer et al. 2012）。ここでは，ヨツモンマメゾウムシにおけるメスの多回交尾の間接的利益と交尾後性淘汰について概説す

る。この課題に関する研究の1つでは，複数のオスとの交尾が子の生存力に与える影響が検証されている（Eady et al. 2000）。1頭のオスと3回繰り返し交尾させたメスと，3頭のオスと1回ずつ交尾させたメスとでは，交尾回数は同じであるが，交尾相手の数は違う。子の形質に違いがあれば，その原因はメスが受け取った精液の量や交尾で受けた損傷の差ではなく，オスから伝わった遺伝子であろう。その結果は，3頭のオスと交尾させたメスの子のほうが，成虫になるまでの生存率が低かった。理由は不明であるが，子の生存力の面では，メスの多回交尾の間接的利益はなく，逆に不利益があるということが示された。

　子の質を向上させるオスの精子が交尾後性淘汰を通して選ばれるかどうかも検証されている（Bilde et al. 2009）。まず，多数の遺伝子型のオスのなかから，子の質を向上させるオスと低下させるオスが特定された。「子の質」は2通りの指標で評価されている。1つは，成虫になった子の数である。メスを2頭のオスと1回ずつ交尾させ，不妊オス法を利用して卵を受精させたオスを判定したところ，子の質を低下させるオスのほうが多くの卵を受精させていた。ここでの子の質は，成虫になった子の数なので，メスが産んだ卵の数と，卵が成虫になるまで生存した割合との両方によって決まる。したがって，研究結果は，メスの産卵数を減少させるオスか，または子の生存力を低下させる遺伝子を持つオスが，交尾後性淘汰で有利であることを示している。

　メスの産卵数を減少させるオスが有利であるなら，交尾器のトゲが発達しており，メスの生殖管に大きな傷を負わせるオスが精子競争の際に受精に成功しやすい（Hotzy & Arnqvist 2009）ことが原因かもしれない。一方，子の生存力を低下させる遺伝子を持つオスが有利だとしたら，同じ遺伝子が生存力と受精成功という2つの形質に影響することが考えられる。この場合，前述の研究（Eady et al. 2000）で3頭のオスと交尾させたメスの子の生存率が低かったことに説明がつくかもしれない。なぜなら，複数のオスと交尾したメスの子は，精子競争を経て受精に成功したオスの子であり，高い受精成功度とともに低い生存力を発現する遺伝子を父親から受け継ぐ

4-5 子の適応度に対するメスの多回交尾の影響

と考えられるからである。

　もう1つの子の質を評価した指標は，子のなかでもメスつまり娘に焦点を当てており，娘の残した子（成虫になった個体）の数とされている。同様の実験が行われ，子（娘）の質を低下させるオスのほうが多くの卵を受精させると判明した。このことから，交尾後性淘汰で有利なオスの遺伝子が，娘の繁殖力の面で不利に作用すると考えられる。このような遺伝子は，オスで働く淘汰を通して集団中に広まるが，それを受け継いだメスでは適応度の低下が起こる。この場合，片方の性に働く淘汰が反対の性の適応進化を妨げることになり，遺伝子座内性的対立（Box 4-1）の状況が生じるであろう。これらの研究結果は，交尾後性淘汰が働くことで遺伝的な質の低い子が生まれるということを示している。

　メスの形質とオスの形質の遺伝相関（Box 4-2）を推定した研究（Gay et al. 2011b）からも，交尾後性淘汰が子の質を低下させるということが支持される。メスの生殖管に残す傷痕の数はオスによって異なり，かなりの程度で息子に遺伝した。傷痕を多く残すオスと遺伝子型を同じくするメスは，傷を受けやすく，寿命が短く，子の数が少なかった。つまり，傷を与えるオスの形質と，傷の受けやすさ，寿命および繁殖力というメスの形質との遺伝相関があった。多くの傷を与えるようなオスは，おそらく発達した交尾器のトゲを備えており，交尾後性淘汰で有利であろう（Hotzy & Arnqvist 2009）。しかし，その娘は傷を受けやすくて生存力と繁殖力が低いという形質を受け継ぐので，交尾後性淘汰が作用すると，遺伝的に質の低い娘が生まれることになる。

　以上の知見をまとめると，ヨツモンマメゾウムシのメスの多回交尾は，交尾後性淘汰を通して間接的利益ではなく，間接的不利益をもたらすという結論になる。また，交尾前の性淘汰も子の質を低下させる可能性がある。ヨツモンマメゾウムシでは，子の生存力に対する交尾前性淘汰の影響が検証されている（Power & Holman 2015）。2つの処理を設け，一方では交尾前性淘汰を生じさせるために，メス1頭とオス3頭を1つのシャーレに入れ，メスがいずれかのオスと交尾すると残りのオスを取り除いた。も

う一方では，無作為に選んだオス1頭のみをメスに配偶相手としてあてがった。こちらでは性淘汰は存在しない。両者を比較すると，性淘汰を生じさせた処理で生まれた子のほうが，生存率は低かった。このことが生じる原因として，交尾前性淘汰で有利なオスは，低い生存力を発現する遺伝子を持っていることが推測される。ただし，遺伝子の影響以外の可能性もある。性淘汰で有利なオスが，メスの体の状態に悪影響を及ぼす，例えば交尾中にメスに大きな傷を負わせる場合，母親から卵に渡る栄養が減少することを通した子の生存率の低下が起こるかもしれない。

Box 4-1　遺伝子座間性的対立と遺伝子座内性的対立

オスとメスでは，多くの形質の最適値（適応度を最大にする状態）が異なる。両性の最適値を同時には実現できないときに，性的対立が生じる（Parker 2006）。性的対立は，「メス個体とオス個体との間での進化的な利害の対立」と定義され（Parker 1979），オスとメスで相反する方向に働く性拮抗的淘汰を生み出す。性的対立には，遺伝子座間性的対立（interlocus sexual conflict）と，遺伝子座内性的対立（intralocus sexual conflict）の2つがある[8]（Arnqvist & Rowe 2005; Parker 2006; Bondurianksy & Chenoweth 2009; van Doorn 2009）。

遺伝子座間性的対立は，オス個体とメス個体の相互作用の最適な結果が雌雄間で異なることによって生じる。交尾するかしないか（4-3-1）や，母親と父親のどちらが子の世話を担当するのかは，1個体の属性ではなく，オス個体とメス個体の相互作用の結果である。相互作用1回につき結果は1つなので，片方の性が最適な結果を達成すると必然的に相手の最適な結果は実現されない。オスにとっては交尾することが最適でメスにとっては交

---

[8] 遺伝子座内性的対立を性的対立に含めるかどうかには議論がある（Tregenza et al. 2006）ものの，含めるという見解が主流である。なお，遺伝子座内性的対立のかわりに性的拮抗（sexual antagonism）という用語が充てられることもある。

(Box 4-1 続き)

尾しないことが最適である場合，オスでは交尾を受け入れさせる形質が，メスでは交尾に抵抗する形質が，それぞれ自らの最適な結果の達成に向けて機能する。同時に相手の性には不利に作用する。

　これらの形質に働く性拮抗的淘汰は，反対の性における対抗適応を誘導する結果，性拮抗的共進化を引き起こすと考えられる。両性個体の相互作用に際して自身に有利かつ相手に不利に作用する形質は，メスとオスで異なるので，別々の遺伝子座上の遺伝子によって支配されていると見なされる。そのため，遺伝子座間性的対立と呼ばれる。この対立は，片方の性で有利な形質を発現する遺伝子が，両性個体の相互作用を通して反対の性に不利益を与えるという状況である。

　遺伝子座内性的対立は，雌雄間の遺伝相関 (Box 4-2) が雌雄それぞれの最適値の達成を妨げることによって生じる。典型的には，オスとメスとで共通の形質の最適値が異なるという場面が想定される。オスとメスの共通形質の大部分は，共通の遺伝子に支配されていると考えられ，実際，多くの共通形質で雌雄間の遺伝相関が見られる (Bonduriansky & Chenoweth 2009; Poissant et al. 2010)。雌雄間の遺伝相関が存在する場合，一方の性の形質に淘汰がかかると，他方の性の形質も変化する。仮にオスは体が大きいほど有利でメスは小さいほど有利であるとすれば，オスでは体が大きくなる方向に淘汰が働くが，同時にメスの体も大きくなるためにメスの最適値から遠ざかり，反対にメスの体サイズに働く淘汰はオスの体サイズを最適値から遠ざける。このように性拮抗的淘汰は綱引きのごとく作用し，両性の適応進化を妨げる。オスとメスの形質の間で遺伝相関があるなら，それらはおそらく同じ遺伝子座 (1つもしくは複数) 上の対立遺伝子に支配されており，遺伝子座内で対立があると見なされる。

　遺伝子座内性的対立の状況では，持ち主に有利な形質を発現する対立遺伝子が持ち主の性によって異なるため，各対立遺伝子はオスに伝わったときとメスに伝わったときとで相反する淘汰を受ける。形質の発現が性に

(Box 4-1 続き)

よって変われば，雌雄が同じ対立遺伝子を持ったときにそれぞれの最適値を実現することが可能になり，遺伝子座内性的対立を解消できると期待される。オスは体が大きくメスは小さい，オスのみに角が発達するなど，オスとメスの形質がはっきりと違うことは，性的二型と呼ばれる。究極的には，遺伝子座内性的対立を解消するように淘汰が作用する結果，性的二型が進化すると考えられる (Cox & Calsbeek 2009)。

「遺伝子座間」と「遺伝子座内」という言葉から，2つの性的対立は，雌雄で遺伝子座が違うか同じかによって識別されるものだと連想されるかもしれないが，実用上そのような使い分けはされていない。主要な違いは，反対の性の適応度を低下させる過程である。遺伝子座間性的対立では，雌雄の直接の相互作用を通して適応度が低下するのに対して，遺伝子座内性的対立では，雌雄間の遺伝相関を通して適応度の低下が起こる[9]。

単に「性的対立」と呼ばれる場合には，遺伝子座間性的対立を指すことが大半である。性的対立は 1990 年代後半から注目を集めるようになり (Arnqvist & Rowe 2005; Zuk et al. 2014)，その中心は，交尾をめぐる性的対立，すなわち遺伝子座間性的対立であった。一方，遺伝子座内性的対立は，あまり注目されていなかった。2005 年に出版された性的対立の代表的な専門書 "Sexual Conflict" (Arnqvist & Rowe 2005) では，本文 227 ページ中わずか 4 ページの 1 節 (p.7-10:「INTRALOCUS SEXUAL CONFLICT」) でしか取り上げられていない。そして，この節は，「現時点では，遺伝子座内性的対立の一般性あるいは重要性を評価するのは，研究が少ないために極めて困難である。ゆえに本書では限られた範囲でしか言及しない」と締めくくられている。それから 10 年ほどたった今，遺伝子座内性的対立

---

[9] 言葉どおり厳密に定義するならば，メスとオスの形質を支配する遺伝子座が同じだと確認されなければ「遺伝子座内性的対立」と言えないであろうが，遺伝子座内性的対立と呼ばれる事例のほとんどで遺伝子座は特定されていない。関与している遺伝子座を特定する研究は，今のところ，キイロショウジョウバエ (Innocenti & Morrow 2010) にほぼ限られる。

(Box 4-1　続き)

を示す証拠は大幅に増えている。

　遺伝子座内性的対立が存在する場合，ある遺伝子を持つと一方の性の個体では適応度が高くなるが，同じ遺伝子を持つ他方の性の個体では適応度が低くなるので，適応度における雌雄間の負の遺伝相関が予測される。このような遺伝相関は，キイロショウジョウバエで発見された（Chippindale et al. 2001）のを皮切りに，コオロギの一種 *Allonemobius socius*（Fedorka & Mousseau 2004）やヨツモンマメゾウムシ（Berger et al. 2014a）などの昆虫，アカシカ *Cervus elaphus*（Foerster et al. 2007）およびシロイワヤギ *Oreamnos americanus*（Mainguy et al. 2009）などの哺乳類や，鳥類［シロエリヒタキ *Ficedula albicollis*（Brommer et al. 2007）］，爬虫類［ブラウンアノール *Anolis sagrei*（Calsbeek & Bonneaud 2008）］，植物［マツヨイセンノウ *Silene latifolia*（Delph et al. 2011）］でも見つかっている。それにつれて性的対立の研究の一角を占めるようになり，例えば，2010年に開催された第13回国際行動生態学会議では"Sexual conflict"部門の口頭発表15件中3件が遺伝子座内性的対立の研究であり，2012年の第14回会議では10件中3件が遺伝子座内性的対立の研究であった。また，遺伝子座内性的対立の総説（例えば，Bondurianky & Chenoweth 2009; van Doorn 2009）も出版されている。

　遺伝子座内性的対立の標的となる形質も次々に明らかにされている。ヨツモンマメゾウムシでは，オスのみの寿命に対して人為淘汰を行うと，メスの寿命の相関反応が現れ，寿命における雌雄間の遺伝相関があると分かった。短命オスを選抜した系統に比べて，長命オスを選抜した系統のオスの適応度は低かったのに対して，長命オスを選抜した系統のメスの適応度は高かった。それゆえ，寿命をめぐる遺伝子座内性的対立が存在し，オスでは短命，メスでは長命の方向へと拮抗的淘汰が働くであろう（Berg & Maklakov 2012）。

　長生きするオスの適応度が低いというのは，不可解に思われるかもしれ

(Box 4-1 続き)

ない。生存と繁殖は，一方に資源を費やせば，もう一方に使える資源が減るというトレードオフの関係にあることが多い。トレードオフのために，寿命を犠牲にして繁殖に資源を投資したほうが高い適応度を達成できると考えられる。さらに，短命オスを選抜した系統では，雌雄ともに体が小さく，代謝率が高かった(Berger et al. 2014b)。オスでは，寿命が短く，体が小さく，代謝率が高いほど適応度が高いが，メスでは，寿命が長く，体が大きく，代謝率が低いほど適応度が高いという逆の関係にあった(Berger et al. 2014b)。したがって，体の大きさと代謝率も遺伝子座内性的対立の標的となる形質である。

　性的二型は，生物の形質で広く見られる。甲虫類の角や大顎，有蹄類の角のようなオス同士の闘争に使われる形質は，オスのみで発達することが多い。これらの形質に働く淘汰はメスには影響を及ぼさないように見え，遺伝子座内性的対立を生じさせることはなさそうに思われる。甲虫の一種であるオオツノコクヌストモドキ *Gnatocerus cornutus* では，オスだけが発達した大顎を持っている。人為淘汰によって大きな大顎を進化させたオスは，配偶相手をめぐる闘争に強かった(Okada & Miyatake 2009; Yamane et al. 2010)。注目すべきは，大顎の大きくなった系統のオスでは頭部が大きく，腹部が小さくなっており，同じ系統のメスでも同様の体形の変化が生じたことである。腹部が小さいと，生産あるいは保有できる卵の数が制約されると考えられ，事実，オスの大顎が大きくなった系統のメスの産卵数は少なかった。したがって，オスの大顎に働く淘汰は，雌雄間の遺伝相関を通してメスの体形を最適値から遠ざけ，メスの適応度を低下させると判明した(Harano et al. 2010)。形質に著しい性的二型があっても，遺伝子座内性的対立は生じる — この対立の解消は，考えられているほど簡単ではないようである。

Box 4-2　遺伝相関

　2つの形質を見たときに，一方の値が大きい個体ほど他方の値も大きい傾向にあるという場合など，形質間の相関が存在することは多い。この相関を表現型相関(phenotypic correlation)と呼び，遺伝的要因に基づく相関を遺伝相関(genetic correlation)[10]と呼ぶ。遺伝相関の原因は，遺伝子の多面発現(pleiotropy)または連鎖不平衡(linkage disequilibrium)である。多面発現とは，1つの遺伝子が複数の形質に影響することである。連鎖不平衡とは，異なる遺伝子座上の対立遺伝子の組み合わせがランダムでないこと，すなわち特定の組み合わせの頻度が高いかまたは低いことである。

　同一染色体の近い位置にある2つの遺伝子座上の対立遺伝子が，遺伝の際に行動をともにすることを連鎖(linkage)と言い，連鎖不平衡は連鎖があるときに生じやすいが，連鎖なしで形成されることもある。本章で取り上げている遺伝相関は，主に多面発現を念頭においているが，連鎖不平衡もありうる。いずれが原因であっても，遺伝相関が存在する場合，ある形質にかかる淘汰が別の形質の進化的変化を引き起こすので，遺伝相関は形質の進化を左右する。遺伝相関を推定する手法には，人為淘汰実験の他，親子間の形質の類似度合いを利用する親子回帰や，きょうだい個体間の類似度合いを利用するきょうだい分析(sib analysis)がある。

---

[10] 遺伝相関は，形質の相加的遺伝子型値(additive genotypic value)の相関とされる。形質の値は，遺伝子の効果と環境の効果とによって決まり，遺伝子の効果によるものを遺伝子型値と言う。遺伝子型値のなかで，個々の対立遺伝子の効果によるものを相加的遺伝子型値または育種値(breeding value，育種価とも)と言う(詳しくは，粕谷1990を参照)。

4-5-3 近親交配の回避

　子の遺伝的な質は，母親由来の遺伝子と父親由来の遺伝子の適合性（compatibility）にも左右される。どの相手が遺伝的適合性の点で優れているかは，各個体の保有する遺伝子の相性に依存するので，個体ごとに異なる。適合性の高いオスの精子を自分の卵と受精させることで，メスは間接的利益を得られる。遺伝的適合性が現れる例の1つは，近交弱勢である。近交弱勢は，血縁個体同士の交配，つまり近親交配によって生存力や繁殖力の低い子が生まれることであり，動物でも植物でも広く見られる (Darwin 1876; Keller & Waller 2002)。

　近親交配が適応度上不利ならば，血縁個体との交尾を避けるのが適応的である。そのような行動は，多くの動物で観察されている (Pusey & Wolf 1996)。しかし，交尾前に相手との血縁関係を認識できない状況や，血縁個体との交尾を受け入れざるをえない状況も多いであろう。これらの状況下で，メスの多回交尾は，近親交配の子が生まれるのを回避する手段となりうる。その1つは，複数のオスと交尾した後で，メスによる隠れた選択を発揮して，非血縁のオスの精子を卵と受精させることである。メスが血縁オスと非血縁オスの両方と交尾したときに，非血縁オスの精子が受精する確率が高いという事例が，さまざまな動物で報告されている（例えば，Ala-Honkola et al. 2010)。もう1つに，血縁オスと交尾したときには，再交尾して別のオスから精子を受け取るという手段もある。つまり，交尾相手の血縁に応じて再交尾の受け入れを変えるということである。

　ヨツモンマメゾウムシおよびアズキゾウムシにおいて，メスの交尾の受け入れに対する交尾相手の血縁の影響が検証されている。ヨツモンマメゾウムシのメスは，非血縁オスであろうと血縁オスであろうと関係なく交尾し，最初の交尾相手との血縁関係が再交尾の受け入れに影響することもなかった (Edvardsson et al. 2008)。それに対して，アズキゾウムシのメスも血縁オスかどうかにかかわらず交尾するものの，非血縁オスと交尾したメスに比べて，血縁オスと交尾したメスは再交尾しやすかった (Harano &

Katsuki 2012）。本種では，不妊オス法によって測定された P_2 値は平均 0.25 である（Harano et al. 2008）。P_2 値の示す割合はあまり高くないものの，メスは再交尾することによって，卵が血縁オスの精子と受精するのを部分的には回避できる。もし非血縁オスの精子を選択的に受精させるならば，再交尾はさらに効果的であろう。アズキゾウムシでは，幼虫期の生存率の低下と発育の遅れ，産卵数の低下といった近交弱勢が現れる（Harano 2011）。本種のメスの多回交尾は，近親交配の不利益を回避する行動であるかもしれない。

4-6 性的対立から生じる非適応的なメスの多回交尾

4-6-1 雌雄間の遺伝相関

ここまでは，なぜメスが多回交尾を行うのかという疑問の答えを，メス自身または子の適応度の上昇に求めてきた。しかし，これらの適応度の上昇がなくても，メスの多回交尾の進化を促進する要因がある。オスとメスは遺伝子の大部分を共有するため，同じ形質を支配する遺伝子は共通であることが多い。例えば，オスの体を大きくする遺伝子はメスにも伝わり，メスの体も大きくするであろう。この場合，体サイズに雌雄間の遺伝相関（Box 4-2）が存在する。娘が父親に似る，あるいは息子が母親に似るというのは，雌雄間の遺伝相関の現れである。

オスとメスでは，形質を発現する遺伝子が共通していても，その形質の最適な（適応度を最大化する）状態は異なることがある。このとき，遺伝子座内性的対立（Box 4-1）が生じる。この状況で起こる進化を考えるために，クジャクのオスのような長い尾羽を想像し，尾羽の長いオスがメスに配偶相手として選ばれると仮定しよう。尾羽の長いオスは多くのメスと交尾し，子をたくさん残すので，世代を重ねるにつれて尾羽を長くする遺伝子が集団中に広がっていく。オスとメスで共通の遺伝子が長い尾羽を発現するならば，オスだけでなくメスでも，長い尾羽を持つ個体が増加する。メスでは長い尾羽を持つことの利益はなく，尾羽が目立つために捕食者に

襲われやすいといった不利益がある。しかし，メスでの不利益がオスでの利益を相殺しないかぎり，長い尾羽が進化する。

このように，雌雄間の遺伝相関を介して，一方の性では利益がないかもしくは不利な形質であっても進化する。交尾の活発さを支配する遺伝子が雌雄共通であるとしたら，雌雄間で交尾頻度に遺伝相関が生じ，オスで作用する淘汰を通してメスの交尾頻度が変化する。ある形質が淘汰を受けたときに，別の形質に起こる変化を相関反応（correlated response）と言う。オスの交尾頻度に働く淘汰に対する相関反応として，メスの多回交尾が進化するという仮説が提唱されている（Halliday & Arnold 1987）。

アズキゾウムシのメスにとって，交尾は生存上のコストを伴う。その原因は，オスの交尾器のトゲによる生殖管の損傷と，精液に含まれる有害物質のようである。ヨツモンマメゾウムシと違って，多回交尾によって受け取る精液は産卵数の増加に貢献しない。近親交配の回避による間接的利益は見込みがあるものの，多回交尾のコストを上回るかどうかは不明である。メスの多回交尾は非適応的という観点に立った仮説も検討すべきである。

雌雄間の遺伝相関が存在するならば，一方の性の形質が淘汰を受けて変化すると，もう一方の性で相関反応が現れる。アズキゾウムシにおいて，メスを対象に人為淘汰を行い，オスにおける相関反応を観測した。1回交尾後に短時間で再交尾を受け入れた（頻繁に交尾すると仮定される）メスを選抜する系統と，再交尾の機会を与えても受け入れなかったメスを選抜する系統とを創設した（Harano & Miyatake 2009）。人為淘汰を10世代以上行った後，選抜系統のメスにオス（選抜系統とは別の単一集団に由来）をあてがって，交尾したらオスを新たな未交尾個体に交換し，一定期間内にメスが交尾した回数を記録すると，選抜系統間で差があった。よって，人為淘汰によるメスの交尾頻度の変化が確認された。

注目はオスの交尾頻度である。選抜系統のオスに未交尾メス（選抜系統とは別の単一集団に由来）を次々とあてがって，一定期間内に交尾した回数を記録した。その結果，系統間でオスの交尾頻度に差はなく，相関反応

は見られなかった。したがって，雌雄間で交尾頻度の遺伝相関はないと結論され，オスに働く淘汰に対する相関反応としてメスの多回交尾が進化しているという仮説は否定された（Harano & Miyatake 2007b）。

他の生物では，ニワトリ *Gallus domesticus*（Dunnington & Siegel 1983; Cheng & Siegel 1990），キイロショウジョウバエ（Sgrò et al. 1998）およびシュモクバエ *Cyrtodiopsis dalmanni*（Grant et al. 2005）において，アズキゾウムシと同様に，交尾頻度における雌雄間の遺伝相関がないことが明らかにされている。対照的に，ツノグロモンシデムシ *Nicrophorus vespilloides* では，雌雄間の交尾頻度の遺伝相関があると報告されている（House et al. 2008）。また，キンカチョウ（ゼブラフィンチ）*Taeniopygia guttata* はつがいを形成して繁殖する鳥であるが，つがい相手以外との交尾（すなわち，複数の相手との交尾）も起こり，「浮気」しやすさにおける雌雄間の遺伝相関が見られた（Forstmeier et al. 2011）。現時点では研究例がこれらに限られており，一般的にメスの多回交尾の進化において雌雄間の遺伝相関がどれほど重要なのかは，評価が困難である。

4-6-2　交尾をめぐる性的対立とメスの交尾行動の進化

上述したとおり，交尾はさまざまなコストを伴い，交尾するかしないかをめぐって性的対立が生じると考えられる。この性的対立の下で，必要以上の交尾を受け入れないように抵抗するメスは適応度の低下を回避でき，それゆえ，メスの抵抗が進化するという仮説が立てられている（4-3-1）。しかし，交尾に対する抵抗がコストを招く可能性もある。メスは交尾に抵抗すれば，しつこく求愛するオスから性的ハラスメントを受けることがある。性的ハラスメントは産卵や採餌などの活動を妨害し，ひどいときにはメスを負傷させ，死に至らせることさえある（Arnqvist & Rowe 2005）。

アズキゾウムシでは，すでに 1 回交尾を行ったメスにとって，それ以上の交尾は適応度の低下を招く（Harano et al. 2006）ため，オスとの接触は交尾をめぐる性的対立に直結するであろう。上述の人為淘汰で，1 回交尾後に再交尾を受け入れるメスと，受け入れない，すなわち抵抗するメスをそ

れぞれ選抜し，実験的に進化させた（Harano & Miyatake 2009）。再交尾に抵抗するように進化したメスは，性的対立による適応度の低下を回避できるのであろうか。検証を行った。選抜系統のメスをオス（オスは全て選抜系統と別の単一集団に由来）と1回だけ交尾させ，その後に別のオスと一緒にシャーレに入れて同居飼育すると，1回交尾後はオスと隔離飼育したときに比べて，産卵数が減少した。飼育時には餌と水を与えており，この飼育条件では再交尾によってメスの産卵数が減少する（Harano et al. 2006）。ところが，再交尾を受け入れる系統のメスでは，同居による産卵数の減少が平均約13％であったのに比べて，抵抗する系統のメスでは，平均約28％と減少が大きかった（Harano 2015）。この研究結果から，再交尾に抵抗するメスは，受け入れるメスよりも，オスとの利害の対立によって大きな不利益を被ると判明した。

　オスとの同居によるコストの原因は，多回交尾もしくは性的ハラスメントである。再交尾に抵抗するメスの適応度が大きく低下したのは，性的ハラスメントのせいであろう。アズキゾウムシでは，オスの性的ハラスメントはメスの適応度を低下させる（Sakurai & Kasuya 2008）。オスはメスと出会うと，メスの後方からマウントし，交尾を試みる。交尾に応じないメスは，後脚でオスを蹴飛ばすか，あるいは逃走する。メスが逃げると，しばしばオスは追いかける。メスは逃げるのにエネルギーを消耗するであろう。また，オスにマウントされたり追い回されたりする間，産卵できない。エネルギーの消耗や産卵機会の減少がメスの適応度を低下させると考えられる。

　多回交尾がコストであるならば，メスが自身の適応度を最大化するには，1回だけ交尾し，その後は一切オスと接触しないのが理想的である。しかし，現実的にはメスと利害の対立するオスが存在し，交尾を受け入れなければ，しばしば性的ハラスメントを受ける。その状況下でメスの実現できる適応度では，多回交尾が性的ハラスメントを減少させることを通して利益をもたらす可能性がある［convenience polyandry 仮説と呼ばれる（Thornhill & Alcock 1983）］。性的対立の下で，メスは交尾と性的ハラスメントのいず

4-6 性的対立から生じる非適応的なメスの多回交尾　　　　　　　　　　167

れかを取らなければならない，いわば妥協を強いられるであろう。アズキゾウムシにおいて，傷害を被ってでも多回交尾を受け入れるメスのほうが適応度の損失を軽減できるという事例が見つかった。この発見は，性的対立が引き起こす進化が，先の仮説で想定される道筋（4-3-1）をたどるとは限らないということを示している。

　交尾をめぐる性的対立の発端は，交尾がコストを伴うことである。交尾による時間やエネルギーの損失は普遍的であろう。マメゾウムシではメスに危害を及ぼすオスの形質が大きな原因であり，この形質はオス間競争の副産物として進化しているようである。交尾をめぐる性的対立が存在するとき，交尾するようにメスを強く刺激したり，交尾を強要したりするオスが高い適応度を達成すると考えられる。このようなオスの形質が進化すると，メスへの性的ハラスメントはエスカレートするであろう（Clutton-Brock & Parker 1995）。

　性的ハラスメントによるコストが交尾のコストを上回るならば，メスは交尾を受け入れたほうが適応度の低下を軽減できる。そうすると今度は，

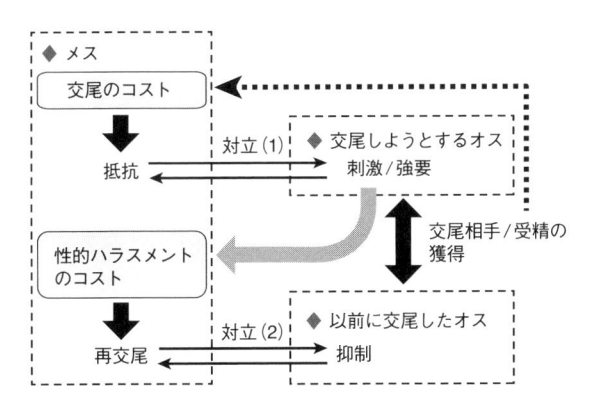

図 4-10　性的対立の構図　オスは可能なかぎり多くのメスと交尾し，受精に成功することで適応度を最大化できる。交尾がコストを伴うことから，メスがオスと出会ったとき，交尾するかどうかをめぐる対立（1）が頻繁に生じる。交尾しようとするオスによる性的ハラスメントがエスカレートし，ハラスメントのコストが交尾のコストを上回るならば，メスにとって交尾することが利益となり，その結果，対立（2）が生じる。これらの対立の背景には，オス同士による交尾相手と受精の獲得をめぐる競争がある。

メスの利害が，以前に交尾したオスの利害と対立する．メスが新たなオスと交尾すれば，精子競争が発生し，以前の交尾相手にとっては自分の子が生まれる確率が減少するからである．この対立は，メスの再交尾を抑制するオスの形質を進化させると考えられる．メス対メスと交尾しようとするオスという対立が，メス対メスの以前の交尾相手という対立を生み出し，性的対立の背景には交尾相手と受精の獲得をめぐるオス同士の競争がある（図4-10）．これら3つの利害対立が引き起こす進化の結果として，オスとメスの形質が形作られるであろう（Rice 1998; Gavrilets & Hayashi 2006）．

4-7 おわりに

オスとメスそれぞれが自らの適応度を上げる形質を進化させ，互いに影響を及ぼし合って，さらなる進化が起こる．オスとメスの利害のぶつかり合いは，奇妙に見えたり，不思議に思われたりする生物の行動や姿かたちの進化の引き金となる．これらのことが明るみになったのは，近年，交尾行動と性的対立に関する研究が発展し，数多くの知見が蓄積されたからである．そのなかで，マメゾウムシの研究は大きな役割を果たしている．主要な研究雑誌に掲載された性的対立の研究論文を対象生物種ごとに集計すると，ヨツモンマメゾウムシは5.3%を占め，キイロショウジョウバエ（8.6%）に次ぎ全生物種中2番目に多く，属別でもマメゾウムシの *Callosobruchus* は5.9%で，ショウジョウバエの *Drosophila*（15.8%）に次いで2位である（Zuk et al. 2014）．マメゾウムシを用いた性的対立に関する研究は今なお進展しており，現時点の課題や疑問のいくつかは数年後に解き明かされているであろう．それらは，交尾行動とそれにまつわる進化を我々が理解するのに役立つはずである．

ここで焦点を当てたような研究課題を扱う学問分野は，行動生態学または進化生態学と呼ばれ，生態学の一分野である．「生態学」というと，自然な生物の暮らしぶりを研究する，あるいは野外で生物を観察する学問だというイメージが強いようである．本章で取り上げたマメゾウムシの研究

4-7 おわりに

は全て，実験室内で飼育されている生物を使い，人工的な環境下で行われたものである。このような研究に対して，実験室の条件は野外と違うのではないか，生物の暮らしを反映していないのではないかといった疑問を抱かれることがあり，ともすれば批判されることもある。事実，野外の自然状態では存在しない状態をつくり出している。本章で述べたなかで，メスを1回しか交尾させないようにしたり，一夫一妻での繁殖を毎世代繰り返したりするのもそうである。

このような研究の目的は，端的に言えば「Xが原因となってYが起こるかどうか」を検証することにある。そのためには，X以外の何かがYに影響したという可能性を排除しなければならず，X以外の要因を全て均一にするのが理想的である。自然状態では，大部分の要因は人の手でコントロールできない。実験室であっても，全てをコントロールできるわけではなく，例えば本章で紹介した研究では，アズキゾウムシのメスに2回目の交尾をさせたくても，交尾するかどうかはコントロールできないために問題が生じ，その解決策を講じた(4-4-3)。それでも野外に比べると，実験室では多くの要因を排除することができ，それを実行すると，野外と違った単純化された条件になる。

ヨツモンマメゾウムシやアズキゾウムシは，実験室で条件をコントロールして行う研究に適しており，それゆえに多くの研究に利用されている[11]。生態学では，野外で生物を観察して知見を得ることは欠かせないが，そこで見られる現象がいかなるメカニズムで起こるのかの解明は，野外観察のみでは困難である。「Xが原因となってYが起こるかどうか」の検証が必要とされ，これこそが実験室で行う研究の重要な役割である。

---

[11] 実験室の外でヨツモンマメゾウムシやアズキゾウムシを研究するのは困難であり，実際，そのような研究はほとんど行われていない。著者自身がアズキゾウムシの研究について話したときに「野外でアズキゾウムシを研究しないのか」という質問を受けることがある。「野外で研究するのであれば，他の生物で研究する」というのが返答である。そもそも，アズキゾウムシの場合，「野外」や「自然状態」というのが，どこを指すのかが曖昧である。主な生息場所は，人が収穫した豆を置いている場所である。アズキ畑で見られることもあるが，そこも人の手で作られ，管理されている場所である。

引用文献

1 章

Alcock J. (1989) Animal Behavior. 4th ed. Sinauer Associates, Sunderland. MA.

Alonzo S.H. (2010) Social and coevolutionary feedbacks between mating and parental investment. Trends Ecol. Evol. 25: 99-108.

Alonzo S.H. (2012) Sexual selection favours male parental care, when females can choose. Proc. R. Soc. Lond. B 279: 1784-1790.

Burley N. (1988) The differential-allocation hypothesis: an experimental test. Am. Nat. 132: 611-628.

Carde A.K. & Minks A.K. (1997) Insect Pheromone Research: New Directions. Chapman & Hall, New York.

Clutton-Brock T.H. & Parker G.A. (1992) Potential reproductive rates and the operation of sexual selection. Q. Rev. Biol. 67: 437-456.

Dawkins R. & Carlisle T.R. (1976) Parental investment, mate desertion and a fallacy. Nature 262: 131-133.

Forsgren E., Amundsen T., Borg Å.A. & Bjelvenmark J. (2004) Unusually dynamic sex roles in a fish. Nature 429: 551-554.

Fromhage L., McNamara J.M. & Houston A.I. (2007) Stability and value of male care for offspring – is it worth only half the trouble? Biol. Lett. 3: 234-236.

Gowaty P.A., Anderson W.W., Bluhm C.K., Drickamer L.C., Kim Y.-K. & Moore A.J. (2007) The hypothesis of reproductive compensation and its assumptions about mate preferences and offspring viability. Proc. Natl. Acad. Sci. USA 104: 15023-15027.

Hamilton W.D. (1979) Wingless and fighting males in fig wasps and other insects. In: Blum M.S. & Blum N.A. (eds.) Reproductive Competition, Mate Choice and Sexual Selection in Insects, pp. 167-220. Academic Press, London.

Houston A.I. & McNamara J.M. (2005) John Maynard Smith and the importance of consistency in evolutionary game theory. Biol. Phil. 20: 933-950.

Hurst G.D.D. & Werren J.H. (2001) The role of selfish genetic elements in eukaryotic evolution. Nat. Rev. Genet. 2: 597-606.

粕谷英一 (1990) 『行動生態学入門』東海大学出版会, 東京.

Kasuya E., Tsurumaki S. & Kanie M. (1996) Reversal of sex roles in the copulatory behavior of the imported crayfish. J. Crust. Biol. 16: 469-471.

Kazancioglu E. & Alonzo S.H. (2010) Classic predictions about sex change do not hold under all types of size advantage. J. Evol. Biol. 23: 2432-2441.

Kokko H. (1998) Should advertising parental care be honest? Proc. R. Soc. Lond. B 265: 1871-1878.

Kokko H. & Jennions M.D. (2003) It takes two to tango. Trends Ecol. Evol. 18: 103-104.

Kokko H. & Jennions M.D. (2008) Parental investment, sexual selection and sex ratios. J. Evol. Biol. 21: 919-948.
Kokko H. & Jennions M.D. (2012) Sex differences in parental care. In: Royle N.J., Smiseth P.T. & Kölliker M. (eds.) The Evolution of Parental Care, pp.101-112. Oxford University Press, Oxford.
Kokko H. & Ots I. (2006) When not to avoid inbreeding. Evolution 60: 467-475.
Kuijper B., Pen I. & Weissing F.J. (2012) A guide to sexual selection theory. Annu. Rev. Ecol. Evol. Syst. 43: 287-311.
Lande R. & Schemske D.W. (1985) The evolution of self-fertilization and inbreeding depression. I. Genetic models. Evolution 39: 24-40.
Lehtonen J. & Kokko H. (2012) Positive feedback and alternative stable states in inbreeding, cooperation, sex roles and other evolutionarily processes. Phil. Trans. R. Soc. Lond. B 367: 211-221.
Lindström K., St. Mary C.M. & Pampoulie C. (2006) Sexual selection for male parental care in the sand goby, *Pomatoschistus minutus*. Behav. Ecol. Sociobiol. 60: 46-51.
Magurran A.E., Irving P.W. & Henderson P.A. (1996) Is there a fish alarm pheromone? A wild study and critique. Proc. R. Soc. Lond. B 263: 1551-1556.
Maynard Smith J. (1977) Parental investment: a prospective analysis. Anim. Behav. 25: 1-9.
Nazareth T.M. & Machado G. (2010) Mating system and exclusive postzygotic paternal care in a Neotropical harvestman (Arachnida: Opiliones). Anim. Behav. 79: 547-554.
Parker G.A. (1979) Sexual selection and sexual conflict. In: Blum M.S. & Blum N.A. (eds.) Sexual Selection and Reproductive Competition in Insects, pp. 123-166. Academic Press, New York.
Queller D.C. (1997) Why do females care more than males? Proc. R. Soc. Lond. B 264: 1555-1557.
Sheldon B.C. (2000) Differential allocation: tests, mechanisms and implications. Trends Ecol. Evol. 15: 397-402.
Shorey L., Piertney S., Stone J. & Hoglund J. (2000) Fine-scale genetic structuring on *Manacus manacus* leks. Nature 408: 352-353.
Smith R.H. (1979) On selection for inbreeding in polygynous animals. Heredity 43: 205-211.
Sogabe A. & Yanagisawa Y. (2007) Sex-role reversal of a monogamous pipefish without higher potential reproductive rate in females. Proc. R. Soc. Lond. B 274: 2959-2963.
Stephens D.W. & Krebs J.R. (1986) Foraging Theory. Princeton University Press, Princeton.
Trivers R.L. (1972) Parental investment and sexual selection. In: Campbell B. (ed.) Sexual Selection and the Descent of Man, 1871-1971, pp. 136-179. Aldine, Chicago.
Trivers R.L. (2002) Natural Selection and Social Theory. Oxford University Press, Oxford.
Wade M.J. & Shuster S.M. (2002) The evolution of parental care in the context of sexual selection: a critical reassessment of parental investment theory. Am. Nat. 160: 285-292.
Webb J.N., Houston A.I., McNamara J.M. & Szekely T. (1999) Multiple patterns of parental care. Anim. Behav. 58: 983-993.
Williams G.C. (1992) Adaptation and Natural Selection. Princeton University Press,

Princeton.
Yamamura N. & Tsuji N. (1993) Parental care as a game. J. Evol. Biol. 6: 103-127.

2 章

Andersson M. (1986) Evolution of condition-dependent sex ornaments and mating preferences: sexual selection based on viability differences. Evolution 40: 804-816.
Arnqvist G. & Kirkpatrick M. (2005) The evolution of infidelity in socially monogamous passerines: the strength of direct and indirect selection on extrapair copulation behavior in females. Am. Nat. 165: S26-S37.
Arnqvist G. & Nilsson T. (2000) The evolution of polyandry: multiple mating and female fitness in insects. Anim. Behav. 60: 145-164.
Arnqvist G. & Rowe L. (2002) Antagonistic coevolution between the sexes in a group of insects. Nature 415: 787-789.
Arnqvist G. & Rowe L. (2005) Sexual Conflict. Princeton University Press, Princeton.
Basolo A.L. (1990) Female preference pre-dates the evolution of the sword in swordtail fish. Science 250: 808-810.
Basolo A.L. (1995) Phylogenetic evidence for the role of a preexisting bias in sexual selection. Proc. R. Soc. Lond. B 259: 307-311.
Brooks R. (2000) Negative genetic correlation between male sexual attractiveness and survival. Nature 406: 67-70.
Clonin H. (1991) 長谷川眞理子 (訳)(1994)『性選択と利他行動－クジャクとアリの進化論』工作舎，東京．
Coyne J.A. & Orr H.A. (1997) "Patterns of speciation in Drosophil" revisited. Evolution 51: 295-305.
Cumming J.M. (1994) Sexual selection and the evolution of dance fly mating systems (Diptera: Empididae: Empidinae). Can. Entomol. 126: 907-920.
Dakin R. & Montgomerie R. (2011) Peahens prefer peacocks displaying more eyespots, but rarely. Anim. Behav. 82: 21-28.
Darwin C. (1871) 長谷川眞理子 (訳)(1999, 2000)『人間の進化と性淘汰 I, II』文一総合出版，東京．
David P., Bjorksten T.B., Fowler K. & Pomiankowski A. (2000) Condition-dependent signaling variation in stalk-eyed flies. Nature 406: 186-188.
Fisher R.A. (1930) The General Theory of Natural Selection. Clarendon Press, Oxford.
Fuller R.C., Houle D. & Travis J. (2005) Sensory bias as an explanation for the evolution of mate preferences. Am. Nat. 166: 437-446.
Futuyma D.J. (1998) Evolutionary Biology. 3rd ed. Sinauer Associates, Inc., Massachusetts.
Gavrilets S. (2000) Rapid evolution of reproductive isolation driven by sexual conflict. Nature 403: 886-889.
Gavrilets S. (2004) Fitness Landscapes and the Origin of Species. Princeton University Press, Princeton.
Gavrilets S. & Hayashi T.I. (2005) Speciation and sexual conflict. Evol. Ecol. 19: 167-198.
Gavrilets S. & Hayashi T.I. (2006) The dynamics of two- and three-way sexual conflicts over mating. Phil. Trans. R. Soc. Lond. B 361: 345-354.
Gavrilets S. & Waxman D. (2002) Sympatric speciation by sexual conflict. Proc. Natl.

Acad. Sci. USA 99: 10533-10538.
Gavrilets S., Arnqvist G. & Friberg U. (2001) The evolution of female mate choice by sexual conflict. Proc. R. Soc. Lond. B 268: 531-539.
Grafen A. (1990) Biological signals as handicaps. J. Theor. Biol. 144: 517-546.
Griffith S.C., Owens I.P.F. & Thuman K.A. (2002) Extrapair paternity in birds: a review of interspecific variation and adaptive function. Mol. Ecol. 11: 2195-2212.
Hamilton W.D. & Zuk M. (1982) Heritable true fitness and bright birds: A role for parasite? Science 218: 384-387.
長谷川眞理子 (2005) 『クジャクの雄はなぜ美しい？』紀伊國屋書店, 東京.
林 岳彦 (2009) 性的対立による進化：その帰結の一つとしての種分化. 日本生態学会誌 59: 289-299.
Hayashi T.I., Vose M. & Gavrilets S. (2007a) Genetic differentiation by sexual conflict. Evolution 61: 516-529.
Hayashi T.I., Marshall J.L. & Gavrilets S. (2007b) The dynamics of sexual conflict over mating rate with endosymbiont infection that affects reproductive phenotypes. J. Evol. Biol. 20: 2154-2164.
Higashi M., Takimoto G. & Yamamura N. (1999) Sympatric speciation by sexual selection. Nature 402: 523-526.
Holland B. & Rice W.R. (1998) Chase-away sexual selection: antagonistic seduction versus resistance. Evolution 52: 1-7.
Houde A.E. (1997) Sex, Color, and Mate Choice in Guppies. Princeton University Press, Princeton.
巌佐 庸 (1998) 『数理生物学入門』共立出版, 東京.
Iwasa Y. & Pomiankowski A. (1994) Evolution of mate preferences for multiple sexual ornaments. Evolution 48: 853-867.
Iwasa Y. & Pomiankowski A. (1995) Continual change in mate preference. Nature 377: 420-422.
Iwasa Y., Pomiankowski A. & Nee S. (1991) The evolution of costly mate preferences. II. The handicap principle. Evolution 45: 1431-1442.
Jennions M.D. & Petrie M. (1997) Variation in mate choice and mating preferences: a review of causes and consequences. Biol. Rev. 72: 283-327.
Kirkpatrick M. (1982) Sexual selection and the evolution of female choice. Evolution 3: 1-2.
Kirkpatrick M. (1985) Evolution of female choice and male parental investment in polygynous species: The demise of the "sexy son". Am. Nat. 125: 788-810.
Kirkpatrick M. & Barton N.H. (1997) The strength of indirect selection on female mating preferences. Proc. Natl. Acad. Sci. USA 94: 1282-1286.
Kokko H. (2001) Fisherian and "good genes" benefits of mate choice: how (not) to distinguish between them. Ecol. Lett. 4: 322-326.
Kokko H., Brooks R., Jennions M.D. & Morley J. (2003) The evolution of mate choice and mating biases. Proc. R. Soc. Lond. B 270: 653-664.
Lande R. (1981) Models of speciation by sexual selection on polygenic traits. Proc. Natl. Acad. Sci. USA 78: 3721-3725.
Mead L. S. & Arnold S. J. (2004) Quantitative genetic models of sexual selection. Trends Ecol. Evol. 19: 264-271.
O'Donald P. (1962) The theory of sexual selection. Heredity 17: 541-552.

Parker G. A. (1979) Sexual selection and sexual conflict. In: Blum M.S. & Blum N.A. (eds.) Sexual Selection and Reproductive Competition in Insects, pp. 123-166. Academic Press, New York.

Parker G.A. & Partridge L. (1998) Sexual conflict and speciation. Phil. Trans. R. Soc. Lond. B 353: 261-274.

Pomiankowski A. (1987) Sexual selection: the handicap principal does not work sometimes. Proc. R. Soc. Lond. B 231: 123-145.

Pomiankowski A. & Iwasa Y. (1993) Evolution of multiple sexual preferences by Fisher's runaway process of sexual selection. Proc. R. Soc. Lond. B 253: 173-181.

Pomiankowski A., Iwasa Y. & Nee S. (1991) The evolution of costly mate preferences. I. Fisher and biased mutation. Evolution 45: 1422-1430.

Preston-Mafham K.G. (1999) Courtship and mating in *Empis* (*Xanthempis*) *trigramma* Meig., *E. tessellata* and *E.* (*Polyblepharis*) *opaca* F. (Diptera: Empididae) and the possible implications of "cheating" behaviour. J. Zool. 247: 239-246.

Reynolds J.D. & Gross M.R. (1990) Costs and benefits of female mate choice: Is there a lek paradox? Am. Nat. 136: 230-243.

Rice S.H. (2004) Evolutionary Theory: Mathematical and Conceptual Foundations. Sinauer Associates, Sunderland.

Rowe L., Cameron E. & Day T. (2003) Detecting sexually antagonistic coevolution with population crosses. Proc. R. Soc. Lond. B 270: 2009-2016.

Rowe L., Cameron E. & Day T. (2005) Escalation, retreat, and female indifference as alternative outcomes of sexually antagonistic coevolution. Am. Nat. 165: S5-S18.

Ryan M.J. (1990) Sexual selection, sensory systems, and sensory exploitation. Oxford Surv. Evol. Biol. 7: 157-195.

Ryan M.J. (1994) Mechanisms underlying sexual selection. In: Real L.A. (ed.) Behavioral Mechanisms in Evolutionary Ecology, pp. 190-215. University of Chicago Press, Chicago.

Sadowski J.A., Moore A.J. & Brodie E.D. (1999) The evolution of empty nuptial gifts in a dance fly, *Empis snoddyi* (Diptera: Empididae): Bigger isn't always better. Behav. Ecol. Sociobiol. 45: 161-166.

Takahashi M., Arita M., Hiraiwa-Hasegawa M. & Hasegawa T. (2008) Peahens do not prefer peacocks with more elaborate trains. Anim. Behav. 75: 1209-1219.

Trivers R.L. (1972) Parental investment and sexual selection. In: Campbell B. (ed.) Sexual Selection and the Descent of Man, pp. 136-179. Aldine, Chicago.

Westcott D.A. (1994) Lets of leks: A role for hotspots in lek evolution. Proc. R. Soc. Lond. B 258: 233-261.

Westneat D.F. & Stewart I.R.K. (2003) Extra-pair paternity in birds: causes, correlates, and conflict. Annu. Rev. Ecol. Evol. Syst. 34: 365-396.

Yasui Y. (1998) The "genetic benefits" of female multiple mating reconsidered. Trends Ecol. Evol. 13: 246-250.

Zahavi A. (1975) Mate selection: Selection for a handicap. J. Theor. Biol. 53: 205-214.

Zahavi A. (1977) Cost of honesty: (Further remarks on handicap principle). J. Theor. Biol. 67: 603-605.

Zahavi A. & Zahavi A. (1997) 大貫昌子 (訳)(2001)『生物進化とハンディキャップ原理－性選択と利他行動の謎を解く』白揚社, 東京.

3 章

Andersson M. & Simmons L.W. (2006) Sexual selection and mate choice. Trends Ecol. Evol. 21: 296-302.

Basolo A.L. (1998) Shift in investment between sexually selected traits: tarnishing of the silver spoon. Anim. Behav. 55: 665-671.

Birkhead T.R. & Møller A.P. (1998) Sperm Competition and Sexual Selection. Academic Press, London.

Brooks R. (2000) Negative genetic correlation between male sexual attractiveness and survival. Nature 406: 67-70.

Brooks R. & Endler J.A. (2001) Direct and indirect sexual selection and quantitative genetics of male traits in guppies (*Poecilia reticulata*). Evolution 55: 1002-1015.

Cockburn A., Legge S. & Double M.C. (2002) Sex ratios in birds and mammals: can the hypotheses be disentangled? In: Hardy I.C.W. (ed.) Sex Ratios: Concepts and Research Methods, pp. 266-286. Cambridge University Press, Cambridge.

Eberhard W.G. (1996) Female Control: Sexual Selection by Cryptic Female Choice. Princeton University Press, Princeton.

Evans J.P. & Magurran A.E. (2000) Multiple benefits of multiple mating in guppies. Proc. Natl. Acad. Sci. USA 97: 10074-10076.

Evans J.P. & Magurran A.E. (2001) Patterns of sperm precedence and predictors of paternity in the Trinidadian guppy. Proc. R. Soc. Lond. B 268: 719-724.

Evans J.P., Zane L., Francescato S. & Pilastro A. (2003) Directional postcopulatory sexual selection revealed by artificial insemination. Nature 421: 360-363.

Evans J.P., Kelley J.L., Bisazza A., Finazzo E. & Pilastro A. (2004) Sire attractiveness influences offspring performance in guppies. Proc. R. Soc. Lond. B 271: 2035-2042.

Grether G.F. (2000) Carotenoid limitation and mate preference evolution: a test of the indicator hypothesis in guppies (*Poecilia reticulata*). Evolution 54: 1712-1724.

Grether G.F., Hudon J. & Millie D.F. (1999) Carotenoid limitation of sexual coloration along an environmental gradient in guppies. Proc. R. Soc. Lond. B 266: 1317-1322.

Grether G.F., Kasahara S., Kolluru G.R. & Cooper E.L. (2004) Sex-specific effects of carotenoid intake on the immunological response to allografts in guppies (*Poecilia reticulata*). Proc. R. Soc. Lond. B 271: 45-49.

Gross M.R., Suk H.Y. & Robertson C.T. (2007) Courtship and genetic quality: asymmetric males show their best side. Proc. R. Soc. Lond. B 274: 2115-2122.

Halliday T.R. (1983) The study of mate choice. In: Bateson P. (ed.) Mate Choice, pp. 3-32. Cambridge University Press, Cambridge.

Hardy I.C.W. (2002) Sex Ratios: Concepts and Research Methods. Cambridge University Press, Cambridge.

Houde A.E. (1992) Sex-linked heritability of a sexually selected character in a natural population of *Poecilia reticulata* (Pisces: Poeciliidae) (guppies). Heredity 69: 229-235.

Houde A.E. (1997) Sex, Color, and Mate Choice in Guppies. Princeton University Press, Princeton.

Houde A.E. & Torio A.J. (1992) Effect of parasite infection on male color pattern and female choice in guppies. Behav. Ecol. 3: 346-351.

Karino K. & Haijima Y. (2001) Heritability of male secondary sexual traits in feral gup-

pies in Japan. J. Ethol. 19: 33-37.
Karino K. & Haijima Y. (2004) Algal-diet enhances sexual ornament, growth and reproduction in the guppy. Behaviour 141: 585-601.
Karino K. & Kamada N. (2009) Plasticity in courtship and sneaking behaviors depending on tail length in the male guppy, *Poecilia reticulata*. Ichthyol. Res. 56: 253-259.
Karino K. & Kobayashi M. (2005) Male alternative mating behaviour depending on tail length of the guppy, *Poecilia reticulata*. Behaviour 142: 191-202.
Karino K. & Matsunaga J. (2002) Female mate preference is for male total length, not tail length in feral guppies. Behaviour 139: 1491-1508.
Karino K. & Sato A. (2009) Male-biased sex ratios in offspring of attractive males in the guppy. Ethology 115: 682-690.
Karino K. & Urano Y. (2008) The relative importance of orange spot coloration and total length of males in female guppy mate preference. Environ. Biol. Fish. 83: 397-405.
Karino K., Utagawa T. & Shinjo S. (2005) Heritability of the algal-foraging ability: an indirect benefit of female mate preference for males' carotenoid-based coloration in the guppy, *Poecilia reticulata*. Behav. Ecol. Sociobiol. 59: 1-5.
Karino K., Kobayashi M. & Orita K. (2006a) Adaptive offspring sex ratio depends on male tail length in the guppy. Ethology 112: 1050-1055.
Karino K., Kobayashi M. & Orita K. (2006b) Costs of mating with males possessing long tails in the female guppy. Behaviour 143: 183-195.
Karino K., Orita K. & Sato A. (2006c) Long tails affect swimming performance and habitat choice in the male guppy. Zool. Sci. 23: 255-260.
Karino K., Shinjo S. & Sato A. (2007) Algal-searching ability in laboratory experiments reflects orange spot coloration of the male guppy in the wild. Behaviour 144: 101-113.
Kodric-Brown A. (1989) Dietary carotenoids and male mating success in the guppy: an environmental component to female choice. Behav. Ecol. Sociobiol. 25: 393-401.
Liley N.R. (1966) Ethological isolatiing mechanisms in four sympatric species of poeciliid fishes. Behaviour 13: 1-197.
Locatello L., Rasotto M.B., Evans J.P. & Pilastro A. (2006) Colourful male guppies produce faster and more viable sperm. J. Evol. Biol. 19: 1595-1602.
Magellan K. & Magurran A.E. (2006) Habitat use mediates the conflict of interest between the sexes. Anim. Behav. 72: 75-81.
Magurran A.E. (2005) Evolutionary Ecology; The Trinidadian Guppy. Oxford University Press, Oxford.
Magurran A.E. & Nowak M.A. (1991) Another battle of the sexes: the consequences of sexual asymmetry in mating costs and predation risk in the guppy, *Poecilia reticulata*. Proc. R. Soc. Lond. B 246: 31-38.
Magurran A.E. & Seghers B.H. (1994a) A cost of sexual harassment in the guppy, *Poecilia reticulata*. Proc. R. Soc. Lond. B 258: 89-92.
Magurran A.E. & Seghers B.H. (1994b) Sexual conflict as a consequence of ecology: evidence from guppy, *Poecilia reticulata*, populations in Trinidad. Proc. R. Soc. Lond. B 255: 31-36.
Møller A.P. & Swaddle J.P. (1997) Asymmetry, Developmental Stability, and Evolution. Oxford University Press, Oxford.
Nicoletto P.F. (1991) The relationship between male ornamentation and swimming per-

formance in the guppy, *Poecilia reticulata*. Behav. Ecol. Sociobiol. 28: 365-370.
Ojanguren A.F., Evans J.P. & Magurran A.E. (2005) Multiple mating influences offspring size in guppies. J. Fish Biol. 67: 1184-1188.
Olson V.A. & Owens I.P.F. (1998) Costly sexual signals: are carotenoids rare, risky or required? Trends Ecol. Evol. 13: 510-514.
Pilastro A. & Bisazza A. (1999) Insemination efficiency of two alternative male mating tactics in the guppy (*Poecilia reticulata*). Proc. R. Soc. Lond. B 266: 1887-1891.
Pilastro A., Evans J.P., Sartorelli S. & Bisazza A. (2002) Male phenotype predicts insemination success in guppies. Proc. R. Soc. Lond. B 269: 1325-1330.
Pilastro A., Simonato M., Bisazza A. & Evans J.P. (2004) Cryptic female preference for colorful males in guppies. Evolution 58: 665-669.
Pilastro A., Mandelli M., Gasparini C., Dadda M. & Bisazza A. (2007) Copulation duration, insemination efficiency and male attractiveness in guppies. Anim. Behav. 74: 321-328.
Pitcher T.E., Neff B.D., Rodd F.H. & Rowe L. (2003) Multiple mating and sequential mate choice in guppies: females trade up. Proc. R. Soc. Lond. B 270: 1623-1629.
Pitcher T.E., Rodd F.H. & Rowe L. (2007) Sexual colouration and sperm traits in guppies. J. Fish Biol. 70: 165-177.
Reynolds J.D. & Gross M.R. (1992) Female mate preference enhances offspring growth and reproduction in a fish, *Poecilia reticulata*. Proc. R. Soc. Lond. B 250: 57-62.
Rosenthal G.G. (1999) Using video playback to study sexual communication. Environ. Biol. Fish. 56: 307-316.
Rowland W.J. (1999) Studying visual cues in fish behavior: a review of ethological techniques. Environ. Biol. Fish. 56: 285-305.
佐藤 綾 (2013) グッピーの配偶者選択に応じた雌の産子数と性比調節. In: 桑村哲生・安房田智司 (編)『魚類行動生態学入門』pp. 34-60. 東海大学出版部, 神奈川.
Sato A. & Karino K. (2006) Use of digitally modified videos to examine female mate preference for orange spot coloration of males in the guppy, *Poecilia reticulata*. Ichthyol. Res. 53: 398-405.
Sato A. & Karino K. (2010) Female control of offspring sex ratios based on male attractiveness in the guppy. Ethology 116: 524-534.
Sheldon B.C. (2000) Differential allocation: tests, mechanisms and implications. Trends Ecol. Evol. 15: 397-402.

4 章

Ala-Honkola O., Tuominen L. & Lindström K. (2010) Inbreeding avoidance in a Poeciliid fish (*Heterandria formosa*). Behav. Ecol. Sociobiol. 64: 1403-1414.
Andersson M. (1994) Sexual Selection. Princeton University Press, Princeton.
Arnqvist G. (1989) Multiple mating in a water strider: mutual benefits or intersexual conflict? Anim. Behav. 38: 749-756.
Arnqvist G. (1997) The evolution of water strider mating systems: causes and consequences of sexual conflicts. In: Choe J.C. & Crespi B.J. (eds.) The Evolution of Mating Systems in Insects and Arachnids, pp. 146-163. Cambridge University Press, Cambridge.
Arnqvist G. & Nilsson T. (2000) The evolution of polyandry: multiple mating and female

fitness in insects. Anim. Behav. 60: 145-164.
Arnqvist G. & Rowe L. (2002) Antagonistic coevolution between the sexes in a group of insects. Nature 415: 787-789.
Arnqvist G. & Rowe L. (2005) Sexual Conflict. Princeton University Press, Princeton.
Arnqvist G., Nilsson T. & Katvala M. (2005) Mating rate and fitness in female bean weevils. Behav. Ecol. 16: 123-127.
Bateman A. J. (1948) Intra-sexual selection in *Drosophila*. Heredity 2: 349-368.
Berg E.C. & Maklakov A.A. (2012) Sexes suffer from suboptimal lifespan because of genetic conflict in a seed beetle. Proc. R. Soc. Lond. B 279: 4296-4302.
Berger D., Grieshop K., Lind M.I., Goenaga J., Maklakov A.A. & Arnqvist G. (2014a) Intralocus sexual conflict and environmental stress. Evolution 68: 2184-2196.
Berger D., Berg E.C., Widegren W., Arnqvist G. & Maklakov A.A. (2014b) Multivariate intralocus sexual conflict in seed beetles. Evolution 68: 3457-3469.
Bilde T., Foged A., Schilling N. & Arnqvist G. (2009) Postmating sexual selection favors males that sire offspring with low fitness. Science 324: 1705-1706.
Birkhead T.R. (2000) 小田 亮・松本晶子 (訳)(2003)『乱交の生物学-精子競争と性的葛藤の進化史』新思索社，東京.
Birkhead T.R. & Møller A.P. (1998) Sperm competition and sexual selection. Academic Press, San Diego.
Bonduriansky R. & Chenoweth S.F. (2009) Intralocus sexual conflict. Trends Ecol. Evol. 24: 280-288.
Boorman E. & Parker G.A. (1976) Sperm (ejaculate) competition in *Drosophila melanogaster*, and the reproductive value of females to males in relation to female age and mating status. Ecol. Entomol. 1: 145-155.
Brommer J.E., Kirkpatrick M., Qvarnström A. & Gustafsson L. (2007) The intersexual genetic correlation for lifetime fitness in the wild and its implications for sexual selection. PLoS One 2: e744.
Calsbeek R. & Bonneaud C. (2008) Postcopulatory fertilization bias as a form of cryptic sexual selection. Evolution 62: 1137-1148.
Cayetano L., Maklakov A.A., Brooks R.C. & Bonduriansky R. (2011) Evolution of male and female genitalia following release from sexual selection. Evolution 65: 2171-2183.
Chapman T., Liddle L.F., Kalb J.M., Wolfner M.F. & Partridge L. (1995) Cost of mating in *Drosophila melanogaster* females is mediated by male accessory gland products. Nature 373: 241-244.
Cheng K.M. & Siegel P.B. (1990) Quantitative genetics of multiple mating. Anim. Behav. 40: 406-407.
Chippindale A.K., Gibson J.R. & Rice W.F. (2001) Negative genetic correlation for adult fitness between sexes reveals ontogenetic conflict in *Drosophila*. Proc. Natl. Acad. Sci. USA 98: 1671-1675.
Clutton-Brock T.H. & Parker G.A. (1995) Sexual coercion in animal societies. Anim. Behav. 49: 1345-1365.
Colgoni A. & Vamosi S.M. (2006) Sexual dimorphism and allometry in two seed beetles (Coleoptera: Bruchidae). Entomol. Sci. 9: 171-179.
Cox R.M. & Calsbeek R. (2009) Sexually antagonistic selection, sexual dimorphism, and the resolution of intralocus sexual conflict. Am. Nat. 173: 176-187.

Crudgington H.S. & Siva-Jothy M.T. (2000) Genital damage, kicking and early death. Nature 407: 855-856.

Darwin C. (1871) 長谷川眞理子 (訳) (1999, 2000) 『人間の進化と性淘汰 I, II』文一総合出版, 東京.

Darwin C. (1876) The effects of cross and self fertilisation in the vegetable Kingdom. John Murray, London.

Delph L.F., Andicoechea J., Steven J.C., Herlihy C.R., Scarpino S.V. & Bell D.L. (2011) Environment-dependent intralocus sexual conflict in a dioecious plant. New Phytol. 192: 542-552.

Dunnington E.A. & Siegel P.B. (1983) Mating frequency in male chickens: long-term selection. Theor. Appl. Genet. 64: 317-323.

Eady P.E. (1994a) Intraspecific variation in sperm precedence in the bruchid beetle *Callosobruchus maculatus*. Ecol. Entomol. 19: 11-16.

Eady P.E. (1994b) Sperm transfer and storage in relation to sperm competition in *Callosobruchus maculatus*. Behav. Ecol. Sociobiol. 35: 123-129.

Eady P.E. (1995) Why do male *Callosobruchus maculatus* beetles inseminate so many sperm? Behav. Ecol. Sociobiol. 36: 25-32.

Eady P.E., Wilson N. & Jackson M. (2000) Copulating with multiple mates enhances female fecundity but not egg-to-adult survival in the bruchid beetle *Callosobruchus maculatus*. Evolution 54: 2161-2165.

Eady P.E, Hamilton L. & Lyons R.E. (2007) Copulation, genital damage and early death in *Callosobruchus maculatus*. Proc. R. Soc. Lond. B 274: 247-252.

Eberhard W.G. (1996) Female Control: Sexual Selection by Cryptic Female Choice. Princeton University Press, Princeton.

Edvardsson M. (2007) Female *Callosobruchus maculatus* mate when they are thirsty: resource-rich ejaculates as mating effort in a beetle. Anim. Behav. 74: 183-188.

Edvardsson M. & Canal D. (2006) The effects of copulation duration in the bruchid beetle *Callosobruchus maculatus*. Behav. Ecol. 17: 430-434.

Edvardsson M. & Tregenza T. (2005) Why do male *Callosobruchus maculatus* harm their mates? Behav. Ecol. 16: 788-793.

Edvardsson M., Rodríguez-Muñoz R. & Tregenza T. (2008) No evidence that female bruchid beetles, *Callosobruchus maculatus*, use remating to reduce costs of inbreeding. Anim. Behav. 75: 1519-1524.

Fedorka K.M. & Mousseau T.A. (2004) Female mating bias results in conflicting sex-specific offspring fitness. Nature 429: 65-67.

Foerster K., Coulson T., Sheldon B.C., Pemberton J.M., Clutton-Brock T.H. & Kruuk L.E.B. (2007) Sexually antagonistic genetic variation for fitness in red deer. Nature 447: 1107-1111.

Forstmeier W., Martin K., Bolund E., Schielzeth H. & Kempenaers B. (2011) Female extrapair mating behavior can evolve via indirect selection on males. Proc. Natl. Acad. Sci. USA 108: 10608-10613.

Fox C.W. (1993) Multiple mating, lifetime fecundity and female mortality of the bruchid beetle, *Callosobruchus maculatus* (Coleoptera: Bruchidae). Funct. Ecol. 7: 203-208.

Fox C.W. & Moya-Laraño J. (2009) Diet affects female mating behavior in a seed-feeding beetle. Physiol. Entomol. 34: 370-378.

Fox C.W., Hickman D.L., Raleigh E.L. & Mousseau T.A. (1995) Paternal investment in a

seed beetle (Coleoptera: Bruchidae): influence of male size, age, and mating history. Ann. Entomol. Soc. Am. 88: 100-103.
Fritzsche K. & Arnqvist G. (2013) Homage to Bateman: sex roles predict sex differences in sexual selection. Evolution 67: 1926-1936.
Gavrilets S. & Hayashi T.I. (2006) The dynamics of two and three-way sexual conflicts over mating. Phil. Trans. R. Soc. Lond. B 361: 345-354.
Gay L., Eady P.E., Vasudev R., Hosken D.J. & Tregenza T. (2009) Costly sexual harassment in a beetle. Physiol. Entomol. 34: 86-92.
Gay L., Hosken D.J., Eady P., Vasudev R. & Tregenza T. (2011a) The evolution of harm-effect of sexual conflicts and population size. Evolution 65: 725-737.
Gay L., Brown E., Tregenza T., Pincheira-Donoso D., Eady P.E., Vasudev R., Hunt J. & Hosken D.J. (2011b) The genetic architecture of sexual conflict: male harm and female resistance in *Callosobruchus maculatus*. J. Evol. Biol. 24: 449-456.
Gillott C. (1998) Arthropoda-insecta. In: Adiyodi K.G. & Adiyodi R.G. (eds.) Reproductive Biology of Invertebrates. Vol. III. Accessory Sex Glands, pp. 319-471. Wiley, New York.
Gillott C. (2003) Male accessory gland secretions: modulators of female reproductive physiology and behavior. Annu. Rev. Entomol. 48: 163-184.
Grant C.A., Chapman T., Pomiankowski A. & Fowler K. (2005) No detectable genetic correlation between male and female mating frequency in the stalk-eyed fly *Cyrtodiopsis dalmanni*. Heredity 95: 444-448.
Gwynne D.T. (1984) Courtship feeding increases female reproductive success in bushcrickets. Nature 307: 361-363.
Halliday T. & Arnold S.J. (1987) Multiple mating by females: a perspective from quantitative genetics. Anim. Behav. 35: 939-941.
Harano T. (2011) Inbreeding depression in development, survival, and reproduction in the adzuki bean beetle (*Callosobruchus chinensis*). Ecol. Res. 26: 327-332.
Harano T. (2012) Water availability affects female remating in the seed beetle, *Callosobruchus chinensis*. Ethology 118: 925-931.
Harano T. (2015) Receptive females mitigate costs of sexual conflict. J. Evol. Biol. 28: 320-327.
Harano T. & Katsuki M. (2012) Female seed beetles, *Callosobruchus chinensis*, remate more readily after mating with relatives. Anim. Behav. 83: 1007-1010.
Harano T. & Miyatake T. (2005) Heritable variation in polyandry in *Callosobruchus chinensis*. Anim. Behav. 70: 299-304.
Harano T. & Miyatake T. (2007a) Interpopulation variation in female remating is attributable to female and male effects in *Callosobruchus chinensis*. J. Ethol. 25: 49-55.
Harano T. & Miyatake T. (2007b) No genetic correlation between the sexes in mating frequency in the bean beetle, *Callosobruchus chinensis*. Heredity 99: 295-300.
Harano T. & Miyatake T. (2009) Bidirectional selection for female propensity to remate in the bean beetle, *Callosobruchus chinensis*. Popul. Ecol. 51: 89-98.
Harano T., Yasui Y. & Miyatake T. (2006) Direct effects of polyandry on female fitness in *Callosobruchus chinensis*. Anim. Behav. 71: 539-548.
Harano T., Nakamoto Y. & Miyatake T. (2008) Sperm precedence in Callosobruchus chinensis estimated using the sterile male technique. J. Ethol. 26: 201-206.
Harano T., Okada K., Nakayama S., Miyatake T. & Hosken D.J. (2010) Intralocus sexual

conflict unresolved by sex-limited trait expression. Curr. Biol. 20: 2036-2039.
Holland B. & Rice W.R. (1998) Perspective: chase-away sexual selection: antagonistic seduction versus resistance. Evolution 52: 1-7.
Hotzy C. & Arnqvist G. (2009) Sperm competition favors harmful males in seed beetles. Curr. Biol. 19: 404-407.
Hotzy C., Polak M., Rönn J.L. & Arnqvist G. (2012) Phenotypic engineering unveils the function of genital morphology. Curr. Biol. 22: 2258-2261.
House C.M., Evans G.M.V., Smiseth P.T., Stamper C.E., Walling C.A. & Moore A.J. (2008) The evolution of repeated mating in the burying beetle, *Nicrophorus vespilloides*. Evolution 62: 2004-2014.
Hurst G.D.D., Sharpe R.G., Broomfield A.H., Walker L.E., Majerus T.M.O., Zakharov I.A. & Majerus M.E.N. (1995) Sexually transmitted disease in a promiscuous insect, *Adalia bipunctata*. Ecol. Entomol. 20: 230-236.
Innocenti P. & Morrow E.H. (2010) The sexually antagonistic genes of *Drosophila melanogaster*. PLoS Biol. 8: e1000335.
Johnstone R.A. & Keller L. (2000) How males can gain by harming their mates: sexual conflict, seminal toxins, and the cost of mating. Am. Nat. 156: 368-377.
粕谷英一 (1990)『行動生態学入門』東海大学出版会, 東京.
Katsuki M. & Miyatake T. (2009) Effects of temperature on mating duration, sperm transfer and remating frequency in *Callosobruchus chinensis*. J. Insect Physiol. 55: 112-115.
Katvala M., Rönn J.L. & Arnqvist G. (2008) Correlated evolution between male ejaculate allocation and female remating behaviour in seed beetles (Bruchidae). J. Evol. Biol. 21: 471-479.
Keller L.F. & Waller D.M. (2002) Inbreeding effects in wild populations. Trends Ecol. Evol. 17: 230-241.
Kemp D.J. (2012) Costly copulation in the wild: mating increases the risk of parasitoid-mediated death in swarming locusts. Behav. Ecol. 23: 191-194.
Lessells C.M. (1999) Sexual conflict in animals. In: Keller L. (ed.) Levels of Selection in Evolution, pp. 75-99. Princeton University Press, Princeton.
Lingafelter S. & Pakaluk J. (1997) Comments on the Bean beetle Chrysomelidae. Chrysomela 33: 3.
Mainguy J., Côté S.D., Festa-Bianchet M. & Coltman D.W. (2009) Father-offspring phenotypic correlations suggest intralocus sexual conflict for a fitness-linked trait in a wild sexually dimorphic mammal. Proc. R. Soc. Lond. B 276: 4067-4075.
Maklakov A.A., Bonduriansky R. & Brooks R.C. (2009) Sex differences, sexual selection, and ageing: an experimental evolution approach. Evolution 63: 2491-2503.
Martinez-Padilla J., Vergara P., Mougeot F. & Redpath S.M. (2012) Parasitized mates increase infection risk for partners. Am. Nat. 179: 811-820.
Michiels N.K. (1998) Mating conflicts and sperm competition in simultaneous hermaphrodites. In: Birkhead T.R. & Møller A.P. (eds.) Sperm Competition and Sexual Selection, pp. 219-254. Academic Press, London.
Miyatake T. & Matsumura F. (2004) Intra-specific variation in female remating in *Callosobruchus chinensis* and *C. maculatus*. J. Insect Physiol. 50: 403-408.
Morrow E.H., Arnqvist G. & Pitnick S. (2003) Adaptation versus pleiotropy: why do males harm their mates? Behav. Ecol. 14: 802-806.

Okada K. & Miyatake T. (2009) Genetic correlations between weapons, body shape and fighting behaviour in the horned beetle *Gnatocerus cornutus*. Anim. Behav. 77: 1057-1065.

Parker G.A. (1970) Sperm competition and its evolutionary consequences in the insects. Biol. Rev. 45: 525-567.

Parker G.A. (1979) Sexual selection and sexual conflict. In: Blum M.S. & Blum N.A. (eds.) Sexual Selection and Reproductive Competition in Insects, pp. 123-166. Academic Press, New York.

Parker G. A. (2006) Sexual conflict over mating and fertilization: an overview. Phil. Trans. R. Soc. Lond. B 361: 235-259.

Partridge L. & Fowler K. (1990) Non-mating costs of exposure to males in female *Drosophila melanogaster*. J. Insect Physiol. 36: 419-425.

Poissant J., Wilson A.J. & Coltman D.W. (2010) Sex-specific genetic variance and the evolution of sexual dimorphism: a systematic review of cross-sex genetic correlations. Evolution 64: 97-107.

Power D.J. & Holman L. (2015) Assessing the alignment of sexual and natural selection using radiomutagenized seed beetles. J. Evol. Biol. 28: 1039-1048.

Pusey A. & Wolf M. (1996) Inbreeding avoidance in animals. Trends Ecol. Evol. 11: 201-206.

Rice W.R. (1998) Intergenomic conflict, interlocus antagonistic coevolution, and the evolution of reproductive isolation. In: Howard D.J. & Berlocher S.H. (eds.) Endless Forms: Species and Speciation, pp. 261-270. Oxford University Press, New York.

Ridley M. (1988) Mating frequency and fecundity in insects. Biol. Rev. 63: 509-549.

Rönn J.L. & Hotzy C. (2012) Do longer genital spines in male seed beetles function as better anchors during mating? Anim. Behav. 83: 75-79.

Rönn J., Katvala M. & Arnqvist G. (2006) The costs of mating and egg production in *Callosobruchus* seed beetles. Anim. Behav. 72: 335-342.

Rönn J., Katvala M. & Arnqvist G. (2007) Coevolution between harmful male genitalia and female resistance in seed beetles. Proc. Natl. Acad. Sci. USA 104: 10921-10925.

Rönn J., Katvala M. & Arnqvist G. (2011) Correlated evolution between male and female primary reproductive characters in seed beetles. Funct. Ecol. 25: 634-640.

Rowe L., Arnqvist A., Sih A. & Krupa J.J. (1994) Sexual conflict and the evolutionary ecology of mating patterns: water striders as a model system. Trends Ecol. Evol. 9: 289-293.

Sakurai G. & Kasuya E. (2008) The costs of harassment in the adzuki bean beetle. Anim. Behav. 75: 1367-1373.

Sakurai G., Himuro C. & Kasuya E. (2012) Intra-specific variation in the morphology and the benefit of large genital sclerites of males in the adzuki bean beetle (*Callosobruchus chinensis*). J. Evol. Biol. 25:1291-1297.

Savalli U.M. & Fox C.W. (1998) Genetic variation in paternal investment in a seed beetle. Anim. Behav. 56: 953-961.

Savalli U.M. & Fox C.W. (1999) Effect of male mating history on paternal investment, fecundity, and female remating in the seed beetle *Callosobruchus maculatus*. Funct. Ecol. 13: 169-177.

Savalli U.M., Czesak M.E. & Fox C.W. (2000) Paternal investment in the seed beetle, *Callosobruchus maculatus* (Coleoptera: Bruchidae): variation among populations.

Ann. Entomol. Soc. Am. 93: 1173-1178.
Segró C.M., Chapman T. & Partridge L. (1998) Sex-specific selection on time to remate in *Drosophila melanogaster*. Anim. Behav. 56: 1267-1278.
Simmons L.W. (2001) Sperm Competition and Its Evolutionary Consequences in the Insects. Princeton University Press, Princeton.
Slatyer R.A., Mautz B.S., Backwell P.R. & Jennions M.D. (2012) Estimating genetic benefits of polyandry from experimental studies: a meta-analysis. Biol. Rev. 87: 1-33.
Stutt A.D. & Siva-Jothy M.T. (2001) Traumatic insemination and sexual conflict in the bed bug *Cimex lectularius*. Proc. Natl. Acad. Sci. USA 98: 5683-5687.
Takakura K. (1999) Active female courtship behavior and male nutritional contribution to female fecundity in *Bruchidus dorsalis* (Fahraeus) (Coleoptera: Bruchidae). Res. Popul. Ecol. 41: 269-273.
Thornhill R. (1980) Mate choice in *Hylobittacus apicalis* (Insecta: Mecoptera) and its relation to some models of female choice. Evolution 34: 519-538.
Thornhill R. (1983) Cryptic female choice and its implications in the scorpionfly *Harpobittacus nigriceps*. Am. Nat. 122: 765-788.
Thornhill R. & Alcock J. (1983) The Evolution of Insect Mating Systems. Harvard University Press, Cambridge.
Torres-vila L. M., Rodríguez-Molina M.C. & Jennions M.D. (2004) Polyandry and fecundity in the Lepidoptera: can methodological and conceptual approaches bias outcomes? Behav. Ecol. Sociobiol. 55: 315-324.
Tregenza T., Wedell N. & Chapman T. (2006) Introduction. Sexual conflict: a new paradigm? Phil. Trans. R. Soc. Lond. B 361: 229-234.
Tseng H.F., Yang R.L., Lin C. & Horng S.B. (2007) The function of multiple mating in oviposition and egg maturation in the seed beetle *Callosobruchus maculatus*. Physiol. Entomol. 32: 150-156.
Tuda M., Rönn J., Buranapanichpan S., Wasano N. & Arnqvist G. (2006) Evolutionary diversification of the bean beetle genus *Callosobruchus* (Coleoptera: Bruchidae): traits ejaculate allocation in beetles associated with stored-product pest status. Mol. Ecol. 15: 3541-3551.
梅谷献二 (1987) 『マメゾウムシの生物学』築地書館, 東京.
梅谷献二・清水 啓 (1968) マメゾウムシ類の比較生態学的研究 III − 3 種のマメゾウムシ成虫に対する給餌が寿命と産卵数に及ぼす影響. 植物防疫所調査研究報告 5: 39-49.
Ursprung C., den Hollander M. & Gwynne D.T. (2009) Female seed beetles, *Callosobruchus maculatus*, remate for male-supplied water rather than ejaculate nutrition. Behav. Ecol. Sociobiol. 63: 781-789.
内田俊郎 (1998) 『動物個体群の生態学』京都大学学術出版会, 京都.
van Doorn G.S. (2009) Intralocus sexual conflict. Ann. N. Y. Acad. Sci. 1168: 52-71.
van Lieshout E., McNamara K.B. & Simmons L.W. (2014a) Why do female *Callosobruchus maculatus* kick their mates? PLoS One 9: e95747.
van Lieshout E., McNamara K.B. & Simmons L.W. (2014b) Rapid loss of behavioral plasticity and immunocompetence under intense sexual selection. Evolution 68: 2550-2558.
Wiklund C., Kaitala A., Lindfors V. & Abenius J. (1993) Polyandry and its effect on female reproduction in the green-veined white butterfly (*Pieris napi* L.). Behav. Ecol. Socio-

biol. 33: 25-33.
Wilson C.J. & Tomkins J.L. (2014) Countering counteradaptations: males hijack control of female kicking behavior. Behav. Ecol. 25: 470-476.
Wilson N., Tufton T.J. & Eady P.E. (1999) The effect of single, double and triple matings on the lifetime fecundity of *Callosobruchus analis* and *Callosobruchus maculatus* (Colepotera: Bruchidae). J. Insect Behav. 12: 295-306.
Yamane T. (2013) Intra-specific variation in the effect of male seminal substances on female oviposition and longevity in *Callosobruchus chinensis*. Evol. Biol. 40: 133-140.
Yamane T., Miyatake T. & Kimura Y. (2008a) Female mating receptivity after injection of male-derived extracts in *Callosobruchus maculatus*. J. Insect Physiol. 54: 1522-1527.
Yamane T., Kimura Y., Katsuhara M. & Miyatake T. (2008b) Female mating receptivity inhibited by injection of male-derived extracts in *Callosobruchus chinensis*. J. Insect Physiol. 54: 501-507.
Yamane T., Okada K., Nakayama S. & Miyatake T. (2010) Dispersal and ejaculatory strategies associated with exaggeration of weapon in an armed beetle. Proc. R. Soc. Lond. B 277: 1705-1710.
Yasui Y. (1998) The 'genetic benefits' of female multiple mating reconsidered. Trends Ecol. Evol. 13: 246-250.
Yasui Y. (2001) Female multiple mating as a genetic bet-hedging strategy when mate choice criteria are unreliable. Ecol. Res. 16: 605-616.
Zuk M., Garcia-Gonzalez F., Herberstein M.E. & Simmons L.W. (2014) Model systems, taxonomic bias, and sexual selection: beyond *Drosophila*. Annu. Rev. Entomol. 59: 321-328.

索 引
（太数字は主な説明が与えられている頁を示す）

ASR (adult sex ratio) → 成体の性比を参照
Callosobruchus (セコブマメゾウムシ) 属　127, 138, 168
ESS → 進化的安定戦略を参照
FA (fluctuating asymmetry) → 左右対称性のゆらぎを参照
Maynard Smith　5, **8**, 9, 15
OSR (operational sex ratio) → 実効性比を参照
P_2 値　**108-111**, 132, 133, 163
PRR (potential reproductive rate) → 最大可能繁殖率を参照
sex role → 性的役割を参照
time-in　**10**, 13, 14, 18
time-out　**10**, 11, 13-15, 18, 20
trade up　**112**, 116, 120
Trivers　**5**, 9, 15, 23, 38

■ あ 行 ■

アズキゾウムシ *Callosobruchus chinensis*　127, 128, 134-136, 138, 140, 141, 144, 148-150, 152, 162-167, 169
アメンボ　39, 137
育種価 → 育種値を参照
育種値 (breeding value)　**161**
一妻多夫 (polyandry)　13, **129**
遺伝子座間性的対立 (interlocus sexual conflict)　136, **156-158**
遺伝子座内性的対立 (intralocus sexual conflict)　**155-160**, 163
遺伝相関 (genetic correlation)　155, **161**, 163-165
遺伝率　94, **95**, 98, 114
オス間競争 (male-male competition)　1, 23, 81, **153**, 167
オスによる子の保護　6, 14, 23, 24
オスのディスプレイ形質　29, 30, 32, 33, 35, 36, 38, **40-42**, 45-49, 52, 62, 63, 65, 66, 68-70, 72, 73, 75, 77
オスの父性　**14**, 110, 111, 121
親による子の保護　**2**, 7-10, 14, 20, 23
親の投資　**11**, 23, 24

■ か 行 ■

ガガンボモドキ　123
隠れたメスの選択 (cryptic female choice) → メスによる隠れた選択を参照
カダヤシ科　31, 79, 88
カロテノイド　**96**, 98, 100, 113, 118
間接的利益　45, **85**, 89, 93, 98, 100, 115, 119, 152, 153-155, 162, 164
間接淘汰　30, 32, 36, 38, **43**, 44, 50-52, 62, 64, 67, 71
キイロショウジョウバエ *Drosophila melanogaster*　124, 136, 158, 159, 165, 168
機会の喪失　19, 20, 21
寄生　100, 117, 124
求愛　20, 81, 82, 83, 85, 90-93, 101, 103, 104, 109, 111, 136, 141, 143, 165
キンカチョウ (ゼブラフィンチ) *Taeniopygia guttata*　165
近交弱勢　**15-20**, 22, 23, 162, 163
近親交配　2, **15-20**, 22, 24, 162-164
グッピー *Poecilia reticulata*　36, 37, 79, 80-82, 85, 86, 88, 89, 91, 92, 94-96, 98, 100, 101, 103, 105-107, 111-116, 118, 120-122
血縁個体　2, **15-24**, 162
交尾回数　27, 33, 39, 43, 44, 54, 72-74, 136, 137, 141, 146, 154
交尾器のトゲ　125, 131-133, 138-142, 144, 154, 155, 164
交尾後性淘汰　40, **153-155**

交尾時間　　20, 106, 107, 117, 119-121
交尾のコスト　　**124**, 140, 141, 164, 167
子の遺棄　　9, 24
子の保護 → 親による子の保護を参照
コンコルドの誤り　　**5**

= さ 行 =

サイカチマメゾウムシ *Bruchidius dorsalis*　　124
採餌　　19, 84, 97, 98, 121, 124, 137, 165
採餌能力　　97, 98, 100, 114, 117, 119
サイズ有利性モデル (size-advantage model)　　**4**, 5
最大可能繁殖率 (potential reproductive rate; PRR)　　**9**, 10, 15
彩度　　96-98, 100-102
差別的投資 (differential allocation)　　**24**, 116
左右相称性のゆらぎ (fluctuating asymmetry; FA)　　**103**, 104, 120
実験進化 (experimental evolution)　　142
実効性比 (operational sex ratio; OSR)　　**10**, 11, 13-15, 23, 24
雌雄間相互作用　　42
種間比較　　138, 141, 142
受精成功　　96, 109, 131-134, 154
受精嚢 (spermatheca)　　**129**, 130, 133, 145, 147, 150
種分化　　34, 48, 49
条件依存　　1, 69, 96
条件戦略　　25, 26
人為淘汰 (artificial selection)　　36, **132**, 133, 159-161, 164, 165
進化的安定戦略 (evolutionarily stable strategy; ESS)　　**8**, 9
スニーキング　　83, 118, 120
性拮抗的共進化 (sexually antagonistic coevolution)　　**137**, 138, 157
性拮抗的淘汰 (sexually antagonistic selection)　　**137**, 156, 157
性決定様式　　95, 113, 115
整合性　　22
性差　　5, 25, 79
精子競争 (sperm competition)　　81, 96, 105, 107, 109, 112, 117, 118, 120, 122, **129-131**, 133, 134, 141, 142, 153, 154, 168
精子選択　　81, 107, 109, 110, 118, **120**
生殖管 → メスの生殖管を参照
性染色体　　95, 113
成体の性比 (adult sex ratio; ASR)　　**13**, 15, 25
成長　　83, 85, 89, 93, 98-100, 117, 119
性的拮抗 (sexual antagonism)　　**156**
性的対立 (sexual conflict)　　27, 33, **38-41**, 44, 50-52, 70-78, 81, 135, 136, 142, 143, 145, 146, 155, 156, 158, 159, 163, 165-168
性的対立説　　27, 29, 30, 34, **37-39**, 41-50, 70, 71, 77
性的二型　　**158**, 160
性的ハラスメント (sexual harassment)　　**141**, 142, 165-167
性的魅力　　24, 94, 95, 115, 119
性的役割　　1, **2**, 5, 9, 12-15, 22, 23, 25
性転換のサイズ有利性モデル → サイズ有利性モデルを参照
性比　　**3**, 4, 6, 10, 92-94, 112-115, 119, 143
性比調節　　4, 93, 94, **112**, 115, 118, 121
潜在的繁殖速度 → 最大可能繁殖率を参照
相加的遺伝子型値 (additive genotypic value)　　**161**
相関反応 (correlated response)　　159, **164**, 165
ソードテール *Xiphophorus helleri*　　31-33, 88

= た 行 =

代替的交尾戦術　　26
代替的繁殖戦術　　83
タカ・ハトゲーム　　22
多回交尾 (multiple mating または multiple copulation)　　6, 14, 129, **145-168**
騙し　　89, **103-105**, 120
多面発現性傷害仮説 (pleiotropic harm hypothesis)　　**130**, 132
探索　　**25**
チェイスアウェイ (chase-away) モデル　　137
知覚バイアス説　　**31-33**, 52, **69-70**
直接的なコスト　　44
直接的利益　　41, 44, 85, 96, 100, 152

索 引

直接淘汰　　30, **43**, 50
直接利益　→ 直接的利益を参照
直接利益説　　**33**, **41**, 69, **71**
つがい外交尾　　**50**
ツノグロモンシデムシ *Nicrophorus vespilloides*　　165
ディスプレイ　　81
ディスプレイ形質　　28, 32, 33, 35-53
適応的傷害仮説 (adaptive harm hypothesis)　　130-132
デジタル動画像　　101-102
同性間競争　　28, 81
トコジラミ　　124

= な 行 =

二者択一実験　　86-87, 89, 101, 113-114

= は 行 =

配偶相手の選り好み → メスの配偶者選好性を参照
配偶子　　2, 5, 17
配偶システム　　3, 13
配偶者選好性 → メスの配偶者選好性を参照
配偶者選択 → メスの配偶者選好性を参照
配偶成功　　94, 112-115
配偶様式 (グッピーの)　　**81-83**
繁殖隔離　　48
繁殖干渉　　29, 30, 32, **33-35**, 42, 44-45, 48
繁殖効率　　100, 117, 119
繁殖成功　　12, 112, 120
繁殖補償 (reproduction compensation)　　24
伴性遺伝　　95
フィッシャー条件(Fisher condition)　　**3-4**, 6-13
フィッシャー制約 → フィッシャー条件を参照
複数回交尾 → 多回交尾を参照
父性 → オスの父性を参照
不妊オス法 (sterile male technique)　　**132**, 154, 163
ベイトマン勾配 (Bateman gradient)　　11, **12**, 136
ベイトマンの原理 (Bateman principle)　　136, 145

包括適応度　　17-22
捕食者　　25, 84, 96, 107-108, 119, 124, 137, 163
ホモ接合　　16
ホルモン　　118

= ま 行 =

マメゾウムシ　　124, **126-128**, 138, 168
魅力仮説 (attractiveness hypothesis)　　112-114
メスとオスの対立 → 性的対立を参照
メスによる隠れた選択 (cryptic female choice)　　40, 105, 121, 153, 162
メスの受精調節　　107-110
メスの生殖管　　125-126, 131, 138-141, 143-144, 154-155, 164
メスの抵抗性　　**40**, 42, 50-51, 136, 137, 165
メスの配偶者選好性 (female mate choice または female choice)　　23-24, 28-32, 34-39, **40**, 41-52, 62-70, 72, 75, 77, 79, 81-83, 85-89, 94, 101, 103, 105, 112, 114, 118-120, 136-137, 153
メスの配偶者選択 → メスの配偶者選好性を参照
免疫　　100, 117, 143

= や 行 =

優良遺伝子説　　**37-38**, 43-48, 50-54, 66-69
ヨツモンマメゾウムシ *Callosobruchus maculatus*　　124-128, 131-134, 136, 138, 140-144, 146-148, 150, 152, 155, 162, 164, 168, 169

= ら 行 =

卵胎生　　79
ランナウェイ過程　　**35**, 72
ランナウェイ説　　27, 29, 30, 32, **35-37**, 42-52, 63-66
量的遺伝モデル　　56-72

■ 著者紹介

粕谷　英一（かすや　えいいち）　農学博士

1956 年　東京都に生まれる
1983 年　名古屋大学大学院農学研究科博士後期課程中退
現　在　九州大学大学院理学研究院　准教授
研究テーマ　交尾と捕食回避の行動生態学，データの統計的解析
著・訳書
　『行動生態学入門』（東海大学出版会）
　『動物生態学　新版』（共著，海游舎）
　『一般化線形モデル』（共立出版）
　『生物学を学ぶ人のための統計のはなし』（文一総合出版）
　『行動生態学』（分担執筆，共立出版）
　『集団生物学』（分担執筆，共立出版）
　『社会生物学』（共訳，新思索社）
　『進化生物学における比較法』（訳，北海道大学図書刊行会）
　『進化生物学』（共訳，蒼樹書房）
　『行動研究入門』（共訳，東海大学出版会）
　『生態学事典』（分担執筆，共立出版）
　『行動生物学辞典』（分担執筆，東京化学同人）ほか
HP アドレス　http://kasuya.ecology1.org/

狩野　賢司（かりの　けんじ）　博士（農学）

1963 年　茨城県に生まれる
1994 年　九州大学大学院農学研究科博士課程単位取得退学
現　在　東京学芸大学教育学部　教授
研究テーマ　魚類の性淘汰・繁殖戦略
著・訳書
　『魚類の繁殖戦略 1』（共著，海游舎）
　『擬態－だましあいの進化論 2』（分担執筆，築地書館）
　『生態学事典』（分担執筆，共立出版）
　『魚類の社会行動 3』（共著，海游舎）
　"Reproductive Biology and Phylogeny of Fishes Vol. 8B"（共著，
　　Science Publisher）
　『生物学辞典』（分担執筆，東京化学同人）
　『行動生態学』（分担執筆，共立出版）
　『行動生物学辞典』（分担執筆，東京化学同人）　ほか

工藤　慎一（くどう　しんいち）　博士（農学）
　　1961 年　北海道に生まれる
　　1994 年　北海道大学大学院農学研究科博士課程修了
　　現　在　鳴門教育大学大学院学校教育研究科　准教授
　　研究テーマ　節足動物における親の投資に関する行動生態学
　　著・訳書
　　　　『日本動物大百科 8』（分担執筆，平凡社）
　　　　『親子関係の進化生態学 – 節足動物の社会』
　　　　　　（分担執筆，北海道大学図書刊行会）
　　　　『行動生物学辞典』（分担執筆，東京化学同人）
　　　　"New Developments in the Biology of Chrysomelidae"
　　　　　　（分担執筆，SPB Academic Publishing bv）ほか

林　岳彦（はやし　たけひこ）　博士（理学）
　　1974 年　長野県に生まれる
　　2003 年　東北大学大学院理学研究科博士課程修了
　　現　在　研究開発法人国立環境研究所　主任研究員
　　研究テーマ　環境リスク学，環境統計学，進化生態学
　　HP アドレス　takehiko-i-hayashi.hatenablog.com
　　Twitter アカウント　@takehikohayashi

原野　智広（はらの　ともひろ）　博士（学術）
　　1976 年　岡山県に生まれる
　　2006 年　岡山大学大学院自然科学研究科博士後期課程修了
　　現　在　総合研究大学院大学先導科学研究科　特別研究員
　　研究テーマ　動物の行動，形態および生態的形質の進化
　　著・訳書
　　　　『生物時計の生態学 – リズムを刻む生物の世界』（分担執筆，文一総合出版）
　　HP アドレス　http://sites.google.com/site/tomohiroharanohp/

交尾行動の新しい理解 —理論と実証—

2016年3月20日 初版発行

編 者　　粕谷英一
　　　　　工藤慎一

発行者　　本間喜一郎

発行所　　株式会社 海游舎
　　　　　〒151-0061 東京都渋谷区初台1-23-6-110
　　　　　電話 03 (3375) 8567　　FAX 03 (3375) 0922
　　　　　http://kaiyusha.wordpress.com/

印刷・製本　凸版印刷（株）

© 粕谷英一・工藤慎一 2016

本書の内容の一部あるいは全部を無断で複写複製することは，著作権および出版権の侵害となることがありますのでご注意ください．

ISBN978-4-905930-69-3　　PRINTED IN JAPAN